昆虫百态

少年科学家通识丛书

《少年科学家通识丛书》编委会 编

中国大百科全书出版社

图书在版编目（CIP）数据

昆虫百态 /《少年科学家通识丛书》编委会编 .—北京：中国大百科全书出版社，2023.7

（少年科学家通识丛书）

ISBN 978-7-5202-1385-1

Ⅰ. ①昆… Ⅱ. ①少… Ⅲ. ①昆虫—少年读物 Ⅳ. ① Q96-49

中国国家版本馆 CIP 数据核字（2023）第 124854 号

出 版 人：刘祚臣
责任编辑：张恒丽
封面设计：魏　魏
责任印制：邹景峰
出　　版：中国大百科全书出版社
地　　址：北京市西城区阜成门北大街 17 号
网　　址：http://www.ecph.com.cn
电　　话：010-88390718
图文制作：北京杰瑞腾达科技发展有限公司
印　　刷：小森印刷（北京）有限公司
字　　数：100 千字
印　　张：8
开　　本：710 毫米 ×1000 毫米　1/16
版　　次：2023 年 7 月第 1 版
印　　次：2023 年 7 月第 1 次印刷
书　　号：978-7-5202-1385-1
定　　价：28.00 元

《少年科学家通识丛书》
编 委 会

我们为什么要学科学

世界日新月异，科学从未停下发展的脚步。智能手机、新能源汽车、人工智能机器人……新事物层出不穷。科学既是探索未知世界的一个窗口，又是一种理性的思维方式。

为什么要学习科学？它能为青少年的成长带来哪些好处呢？

首先，学习科学可以让青少年获得认知世界的能力。其次，学习科学可以让青少年掌握解决问题的方法。第三，学习科学可以提升青少年的辩证思维能力。第四，学习科学可以让青少年保持好奇心。

中华民族处在伟大复兴的关键时期，恰逢世界处于百年未有之大变局。少年强则国强。加强青少年科学教育，是对未来最好的投资。《少年科学家通识丛书》是一套基于《中国大百科全书》编写的原创青少年科学教育读物。丛书内容涵盖科技史、天文、地理、生物等领域，与学习、生活密切相关，将科学方法、科学思想和科学精神融会于基础科学知识之中，旨在为青少年打开科学之窗，帮助青少年拓展眼界、开阔思维，提升他们的科学素养和探索精神。

《少年科学家通识丛书》编委会

2023 年 6 月

第一章　昆虫界最庞大的家族
——鞘翅目昆虫

第二章　辛勤的劳动者——膜翅目昆虫

第三章　蚕食他人的害虫——半翅目昆虫

第一章

昆虫界最庞大的家族——鞘翅目昆虫

鞘翅目

鞘翅目为昆虫纲有翅昆虫的一目。又称甲虫，俗称甲壳虫。一生经过卵、幼虫、蛹至成虫 4 个发育阶段，属于全变态昆虫。由于前翅硬化，与前胸背板共同形成上面保护鞘（或壳），故有“鞘翅目”之名，是昆虫纲中最大的目，世界已知约 35 万种，约占世界已知昆虫总数的 1/3。中国已知约 1 万种，分隶 17 总科、105 科。常见代表有金龟子、隐翅虫、蚁甲、花蚤、瓢虫（花大姐）、天牛、萤火虫、水龟虫、叶甲（金花虫）、象鼻虫（象甲）、步甲等。

鞘翅目昆虫体壁坚硬。触角通常 11 节，丝状、棒状、锯齿状、栉齿状、念珠状、鳃叶状或膝状。咀嚼式口器，由上唇、上颚、下颚和下唇组成。复眼较发达，有的退化或消失，有的分裂为上下两个，如水生的豉甲科。少数甲虫有一对单眼，或仅中央一个单眼，如有些皮蠹。前胸发达，前翅硬化成鞘翅，无翅脉，翅面多有刻点行，静止时覆在背上，盖着中后胸以及大部或全部腹节（中胸小盾片一般均外露），鞘翅外侧向腹面弯折的部分称为缘折，缘折有宽有窄。后翅膜状，一般很大，用于飞行，静止时纵横折叠藏于鞘翅之下，在不同类群中有不同的折叠方式；在沙漠或高山上生活的甲虫，有的后翅退化或完全消失，如荒漠中的某些拟步甲、喜马拉雅山的短翅芫菁、大步甲属后翅消失。有的后翅为羽毛状，如缨甲科，后缘饰有很长的毛，与缨翅目的翅相似。腹部10节，从外面一般仅能看到7～8节背板和5～7节腹板；末节背板一般较坚硬，称为臀板。足具有各种形态变异，适于疾走、游泳、跳跃、挖掘或攫取；3对足，前、中、后足的跗节数目多变化，原始节数为5节，即5-5-5式，有的减少为4节、3节、2节或1节，有的甚至完全消失。如金龟子亚科某些种类的前足跗节消失；有时3对足的跗节数目可不一致，如5-5-4式或4-4-3式，人们用来作为分大类或分科的特征。爪一般1对，有的只具单爪，如蚁甲科和象虫科的某些种类。爪有单齿式，即简单的1对爪；附齿式，即每个爪的基部有1个片状齿；双齿式，即每片爪纵裂为二。有的爪的内缘生有

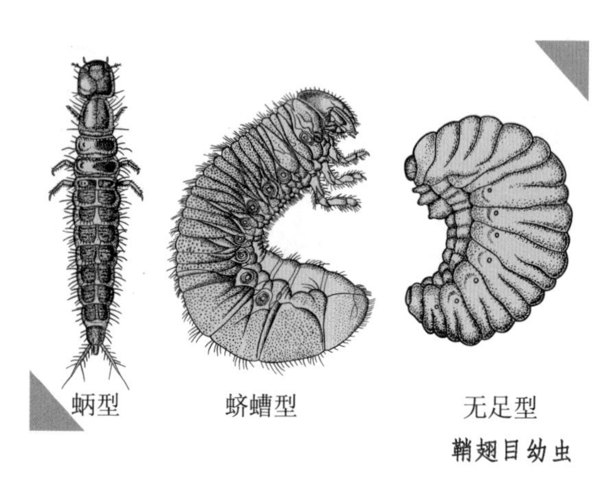

鞘翅目幼虫

一列梳状齿，如朽木甲科和芫菁科的某些类群爪具栉齿。雌虫产卵管一般由第9腹节延伸而成，雄外生殖器主要由阳茎和阳基两部分组成，均是种类鉴定的重要依据。

甲虫的身体大小差异也很大，最小的体长仅0.25毫米，最大的长达155毫米（包括上颚在内）。雌雄两性腹末节腹板、足、触角、头、胸、喙等形态均有差异，大小也不同。一般雄虫的形态多变异，雌虫变异较少。

幼虫分头部、胸部（3节）和腹部（10节）。头部两侧各有单眼1～6个，触角3节，口器咀嚼式。胸部一般有胸足3对，跗节上有爪1对。腹部无腹足，一般在第9节背板上有1对骨化的尾突（与尾须同源），第10节无附肢。气门呈环形，共9对，第1对着生于前胸与中胸之间，其余8对着生于腹部第1～8节上。体型有蛃型、蛴螬型和无足型。

鞘翅目是昆虫纲中分布最广的一目。除海洋外，陆地、空中和各种水域均有分布，尤以陆生种类最多。它们具有十分广泛的适应性，能在各种不同的生境下（如沙漠、森林、草原、洞穴、高山以及温泉、盐咸水、沼泽或海岸地带）生活。有的寄生于其他昆虫的体内，有的寄生于哺乳动物的体外，有的在动物粪便、尸体、枯枝落叶层或土壤中生活，也有的寄居在鸟类或鼠类的巢穴中，或寄居于某些社会性昆虫（如蚁类或蜂类）的巢内，还有的是仓库害虫。本目中广布的有隐翅虫总科、步甲总科、叶甲总科、金龟子总科和象虫总科。虎甲科、吉丁科、天牛科和锹甲科主要分布于热带地区。有些科的分布范围很有限，如水生的两栖甲科仅分布于中国四川和吉林，以及北美洲。在仓库害虫中有 100 多个种为世界性分布。

甲虫的食性很复杂，包括腐食性、粪食性、尸食性、植食性、捕食性和寄生性等。植食性甲虫很多是农林害虫，如金龟子总科幼虫也称蛴螬，是重要的地下害虫，在中国严重为害的有异丽金龟属和齿爪鳃金龟属。天牛科中的大害虫有星天牛、家茸天牛、粗鞘双条杉天牛、蔗根天牛等。叶甲总科的成虫和幼虫都是植食性，主要害虫有为害水稻的水稻负泥虫和水稻铁甲，为害柑橘的恶性叶甲等。马铃薯甲虫在欧洲和北美是马铃薯的大害虫，为重要的国际检疫对象。在象虫总科中，中国有玉米象、米象和谷象，为害粮食和种子，是仓库害虫中的毁灭性种类；甘薯小象虫是甘薯的重要害虫。在北美和中美严重为害棉花的棉铃象虫是重要的国际检疫对象。在仓库害虫中，皮蠹科的谷斑皮蠹为害谷类、豆类、花生、油料植物加工品和动物性食品等，其幼虫抗药性强，是重要的国际检疫对象。此外，豆象科的蚕豆象和豌豆象也是中国重要的仓库害虫和检疫对象。拟步甲科中的黄粉虫、黑粉虫、杂拟谷盗和赤拟谷盗等都是重要的储粮害虫。

捕食性甲虫大多是害虫的天敌，在农林生态系统和自然生态系统中发挥重要的调节作用，如隐翅虫科、瓢虫科、步甲科和虎甲科等。瓢虫科中的澳洲瓢虫是有很大经济价值的天敌昆虫，中国已从大洋洲引进以防治吹绵蚧；隐唇瓢虫原分布于印度至澳大利亚，中国也曾引进以防治介壳虫。步甲科中重要的种类如中华广肩步甲和赤胸步甲捕食黏虫和切根虫等鳞翅目幼虫，捕食率很高；广屁步甲捕食能力也很强，尤喜捕食蝼蛄和它的卵。在虎甲科中，中国常见的种类有中国虎甲、多型虎甲红翅亚种和铜翅亚种、月斑虎甲和金斑虎甲等均为蝗虫的天敌昆虫。

有些甲虫具有医药价值，其中应用较广的有芫菁科的斑芫菁属、绿芫菁属、豆芫菁属和短翅芫菁属，其成虫能分泌芫菁素（又称斑蝥素），很早就在医药上应用，李时珍的《木草纲目》有记载，中国用它来治疗某些癌症；粪金龟科紫蜣螂的干燥成品有镇惊、破瘀止痛、攻毒通便等功能，在中药中应用；象虫科蚊母草直喙象的雌虫产卵于蚊母草或水苦荬的子房中，随着幼虫的发育，子房发育为虫瘿，有虫瘿的蚊母草可以入药，有止血、活血、消肿、止痛的功能。

所知鞘翅目化石最早记录见于古生代早二叠世。自中生代起，鞘翅目逐渐成为昆虫纲的优势类群，现在是昆虫纲中最大的目。关于它的起源，多数分类学家认为是来自脉翅类。例如，A. 拉梅尔（1933）、A.B. 马丁诺夫（1931、1932）、R. 让内尔（1949）和 R.A. 克劳森（1960、1981）分别根据全变态类成虫和幼虫的比较形成以及各地质时期的化石甲虫的脉相，提出鞘翅目与脉翅类中的广翅目十分近缘，二者渊源于共同的祖先。中国科学家在甘肃白垩纪地层中发现的弯脉玉门甲，也支持这一观点。

关于鞘翅目的分类，各家的见解不一。一般分为 2 ～ 4 个亚目、20 ～ 22 个总科。现代分类系统的奠基人 L. 冈尔鲍尔（1903）将此目分为 2 个亚目，即肉食亚目和多食亚目。W.T.M. 福布斯（1926）增加了一个原鞘亚目。后来，R.A. 克劳森（1955）又增加一个藻食亚目。R.A. 克劳森（1960）认为鞘翅目在进化的过程中分化为 3 支，一支是肉食性的肉食亚目，一支是在树皮下生活的原鞘亚目，一支是多食亚目，而藻食亚目是多食亚目的一个分支。

扁圆甲科

昆虫纲鞘翅目的一科。体长4～6毫米，卵圆形，背面和腹面稍隆凸。光滑、黑色、闪金属光。发现于北欧、北美西北部和中国。

头部比前胸背板窄很多，极度下弯。触角11节，有紧缩在一起的3节端锤，非膝状，第一节相对较短。前胸腹板在基节之前很短，在基节间的突起部分极狭。前足基节很大，横形，稍突起，基腹连片部分露出。中足基节分隔比较狭窄。鞘翅平截，腹末尾露出一节背板；鞘翅面刻点行不规则，每翅9或10行。后胸腹板短，后足基节相互靠近，侧边与鞘翅相遇。后胸腹内骨为一宽柄状骨。后翅有一大肘中环，足外侧有刺。跗节有一具双毛的爪间突。臀板发达、垂直。雄器基片小，侧叶部分合生。

头部无头盖缝干，侧臂发达，在基部相互远离。单眼不明显。上颚基部突然扩宽，下颚的轴节和茎节不完全融合，额与头壳之间由一膜质缝分隔，腹节背板有两横列小骨片；第9节背板附生尾须，尾须4节。

已知成虫取食桦树渗出的液汁。幼虫发生在浸渍了桦木液汁的土表层，也可能捕食蛆。

龟甲科

昆虫纲鞘翅目龟甲总科的一科。色艳，有强光泽，鞘翅周缘敞出，头后倾，跗4节的甲虫。形似小龟，统称龟甲。全世界有2400余种，主要分布于热带、亚热带地区。中国已知160多种。

成虫形似小龟，体背隆起或稍隆，周缘敞出，头部多隐藏于前胸之下。小型至大型，某些类群具金属光泽，有或无色斑，前胸和鞘翅敞边常透明。头向后倾斜，额唇基三角形，触角11节，端部4节稍膨大，着生位置远离口沿。前胸背板前缘微凹、月牙形，兜着部分口器。鞘翅光洁，或有脊线、瘤和刺，在小盾片后面常隆起形成驼顶；刻点排列成行或不规则，有时微细、稀疏，后翅有 2 个臀室。足中长，跗节第 3 叶常伸至负爪节的端部。雄性外生殖器为全环式。雌雄性征不明显，主要表现于触角的长度和粗度以及前胸背板和鞘翅敞边的形状。

成虫、幼虫皆露生，取食双子叶植物，多发生在旋花科、菊科、蓼科等植物上。成虫有假死现象。一些具有金属光泽的类群常闪耀出不同的光泽，死后色变失光。卵长形，单个或多个产出，包埋在卵鞘中，卵鞘是由松软的胶质物黏附在叶片背面，卵在鞘内被一层层隔开。幼虫共 5 龄。头部不外露，隐藏在前胸背板之下，胸、腹部两侧缘有针状突出物。足发达。腹部第 8 节有 1 对尾叉。幼虫的皮蜕和排泄物堆积在尾叉上，随龄期而增多。有的类群各龄皮蜕的层次分明，呈栉状接连成串，有的则成为一簇端部游离的条带，或是这些条带堆积在尾叉上，盘曲成螺旋状，由于腹部末端朝向背前方弯转，这些堆积的皮蜕盖在身体背面。皮蜕数常作为判断幼虫龄期的依据。

此科包括一些重要的经济种类，如南方的甘薯蜡龟甲、甘薯台龟甲，北方的甜菜大龟甲，以及为害梧桐树的中华锯龟甲等。

金龟科

昆虫纲鞘翅目的一科。此科昆虫统称蜣螂，俗称屎壳郎。分布几乎遍及全球，近4000种，中国约有230种，以南方种类较为丰富。有少数属为中国所独有，如爪套蜣螂属仅见于云南。

由于蜣螂都以哺乳动物粪便及其他腐败物质为生，故与农、林生产无直接利害关系，然而它们大量取食粪便，并运储粪便于地下，以繁育后代，因而对净化地球环境起着一定作用。澳大利亚利用蜣螂治粪的能力，已经成功地从国外引进多种蜣螂，清除大量牛粪，清洁和改良了草场，使环境卫生得到了改善。中国早在2000多年前就有神农蜣螂入药疗疾的记载，至今仍是药用昆虫之一。中药材称之为蜣螂，药性味咸寒，有镇惊、破瘀止痛、攻毒及通便等功能。主治惊痫癫狂、小儿惊风、二便不通、痢疾等。外用治痔疮、疔疮肿毒等。

头部前面的唇基与眼上刺突十分发达，多连成扇面形或多齿形的“铲”，盖住口部。触角 8～9 节，末端鳃片部 3 节。前胸背板大，与其余体部等大或更大。小盾片多数不见。鞘翅盖达腹端，臀板外露。足强大，前足胫节适于挖掘，有时跗节十分退化或完全消失，中足基节被腹板明显或远远隔开，后足胫节仅有端距 1 枚。腹部气门着生在背板、腹板间的侧膜上，且均为鞘翅覆盖。性二态现象常较显著，雄体的头部、前胸背板常有角状及其他形状的突起，雌体则常较简单。

平唇水龟虫科

昆虫纲鞘翅目的一科。体长 1.2 ～ 3.0 毫米，长圆至狭长，稍平扁，通常被短下弯毛，头顶有时在复眼之间有 2 个单眼，额唇基沟明显。

触角 8 或 11 节，一般总有 1 个绵毛状端锤，由 5 节组成，其前边一节杯状；触角端锤也可能只有 3 节。上颚近端部有一可活动的齿，下颚须延长。前胸背板侧边完整，光滑或小齿状；背板缘折有窝槽容纳触角。前胸腹板短，或在前足基节之前适当延长，在基节之间有完整的突起。前足基节横形，多稍突起，基腹连片隐藏或微露出；基节窝后方宽阔开口至关闭多变，内侧开放或关闭，中足基节接近或适当远离。鞘翅一般覆盖全部腹部，但有时也露出一节背板；翅面刻点通常排列成行，缘折不完整。后足基节接近或远离，向两侧延伸接触鞘翅。后翅基部狭窄，有一臀脉。跗节 5-5-5 式，基端一节退化或合生在一起，有时跗节为 4-4-4 式，腹部可见 6 或 7 个可见腹节，节间区无微小骨片，基部几个背板膜质。雄器无基片，侧叶狭长，或缺失。

幼虫修长狭窄，极少为短宽，有额唇基沟，头两侧各有 5 个单眼。上颚有数个端齿，臼叶锯齿形或端末呈齿形；臼齿发达，瘤状。下颚内叶和外叶分离，外颚叶有时有缘毛但常为狭窄须状；下颚须次末节上有指状感觉器。外咽片发达。前胸背板有时生有一对背呼吸管。胸部背板和腹部第 1 ～ 7 节背片上有侧突，第 10 腹节有一可伸展的囊，具一对臀沟。

水龟虫科

昆虫纲鞘翅目的一科。小至大型、下颚须细长的多食亚目水生甲虫。原称牙甲，后称水龟虫。中国记载约80种，其中大型种有尖突水龟虫，又名尖突巨牙甲，生活于湖泊、池塘、鱼塘以及有水草的小溪和水沟。中国分布极广，从东北至海南、从江苏至西藏均有记录。日本、朝鲜、韩国、缅甸亦有分布。

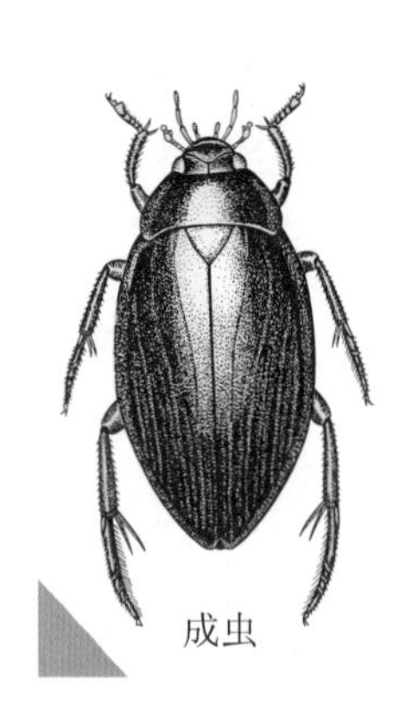

成虫

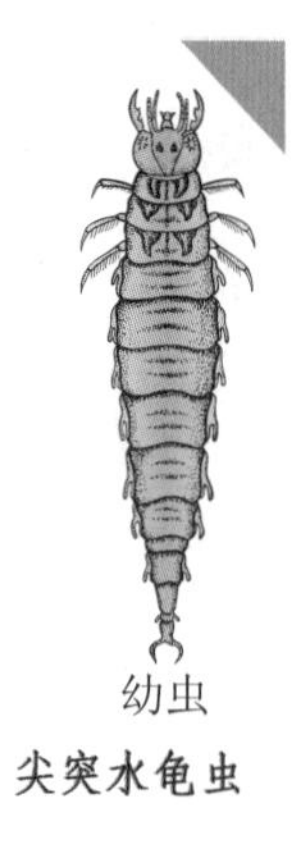

幼虫

尖突水龟虫

成虫体色黑或褐黑，长28～32毫米。背面拱起，腹面较平，触角6～9节，端部3～4节胀大成锤状；下颚须线状，与触角等长或更长；足3对，披长毛，跗节5节；腹部一般有5个腹板，胸、腹两侧有短柔毛，在水中形成气膜，成虫吸取空气时，触角露出水面，空气沿触角柔毛所成的气道进入胸部气门。

水龟虫一生经卵、幼虫、蛹及成虫4个虫态。数十粒卵藏在一个附着于水生植物的壶状卵囊中。幼虫长棒状，上颚尖利，成熟后在水边的土壤中化蛹。

成虫吃水生小植物和小动物，主要取食螺蛳。能飞，偶尔飞趋灯光。幼虫以肉食为主，捕食水中小动物，包括各种螺蛳。由于螺蛳是人畜的吸虫宿主，所以水龟虫的幼虫起一定的好作用。但是生活在鱼池中的水龟虫却捕食鱼苗，成为塘鱼的害虫。大型水龟虫可作为药材，能治儿童遗尿，过去每逢秋后在广州市面上常与龙虱同售。

象甲科

昆虫纲鞘翅目的一科。统称象甲。头延伸成喙状，触角膝状，末端棒状，跗节假4节型的甲虫。本科物种数量庞大，

全世界已记载6万种以上，分布遍及全球。中国象甲种类丰富，据昆虫学家赵养昌等（1980）估计可能达1万种，有记录的已超过1200种。

小至大型，体长2～70毫米（不算喙长）；喙显著，由额向前延伸而成；触角膝状，末端3节呈棒状；无上唇，代之以口上片；颚须和下唇须退化而僵直，不能活动；外咽缝愈合，外咽片消失。跗节5节，第4节很小，藏于第3～5节之间。体壁骨化强；多数种类被覆鳞片。幼虫通常为白色，肉质，身体弯成C形，没有足和尾突。

绝大多数象甲是陆生的，性迟钝，行动缓慢，假死性强，少数有趋光性。稻象属和水象属为水生。象甲营有性生殖，但有一些种类营孤雌生殖。多数象甲1年1代，有些则是2年1代。多数以成虫越冬，以卵和初龄幼虫越冬的有杨干隐喙象。

象甲均为植食性，为害根、茎、叶、花、果、种子、幼芽和嫩梢等。多数幼虫蛀食植物内部，不仅为害严重，而且难以防治。许多种类是农林和仓库的重要害虫。个别种类是有益的，如蚊母草直喙象，此虫产卵于蚊母草或水苦荬的子房，随幼虫的发育，子房发育为虫瘿。在成虫羽化前，采收全草，晒干入药，称为仙桃草，用于止血、活血、消肿、止痛。

—— 甜菜象甲 ——

象甲科的一种。又称普通甜菜象甲、甜菜象鼻虫。甜菜苗期主要害虫。分布于中国华北、西北及东北西部地区。

成虫体长12～14毫米，黑色，密披灰白色鳞片。喙前端稍膨大，鞘翅中部有黑色带状斑。卵长约1.2毫米、宽约1毫米，椭圆形，初产时乳白色，后渐变为浅黄色。老熟幼虫体长约12.5毫米，乳白色，头黄褐色，无足，向腹部弯曲。蛹长10～15毫米，浅黄至黄红色。除甜菜外，还为害玉米、烟草、向日葵，也喜食苋菜等。在甜菜出苗前，小藜、猪毛菜、白藜、白滨、地肤、野苋菜、盐蒿等盐土的指示植物是其原生寄主。成虫取食子叶和小的真叶，造成缺刻，严重发生时，可将其全部吃光，且咬断幼茎，造成严重缺苗断垄或大面积毁种。幼虫取食甜菜根部，咬成凹穴，致叶部衰萎，影响块根正常生长，重则死亡。在中国北方每年发生一代，主要以成虫及部分幼虫与蛹在当年甜菜地土内越冬。早春日平均气温达6～12℃、地表温度15～17℃时越冬成虫出土，时期参差不齐，可由4月上旬延至7月下旬。早期出土的成虫多潜伏在避风向阳的枯草根际及渠背、地埂等土块处；随气温升高而活动加强，并向甜菜地爬行转移；气温达25℃左右时最活跃；地温达28～30℃时能展翅飞翔，无风晴朗天气飞行更高更远。5月份当甜菜苗处于子叶期至两片真叶期时最易受害。成虫耐饥力较强。5月中旬成虫开始大量产卵于干湿土交界处。6～7月为幼虫为害盛期，幼虫随甜菜根向下生长及随土壤温度的变化而向深土层潜入，老熟后作土室化蛹。7月中下旬为化蛹盛期，成虫羽化后一般不出土，在蛹室内越冬。土壤湿度对各虫态的生长发育都有影响，幼虫在10%～15%的土壤湿度中发育最好。当土壤湿度较大时，幼虫、蛹和初羽化的成虫皆易感染绿僵菌而死亡。一般春季成虫出土受4月份气候影响较大，温度高、湿度低时有利于成虫出土；如8、9月份雨水多、田间长期积水，则翌年发生较轻。一般土质疏松、排水通气良好的砂壤土较长期阴湿的黏重土更有利于甜菜象甲发育。整地不平、耕耙不均匀、甜菜出土不齐的地块，常严重受害。

防治方法主要是：实行大面积轮作，避免连作；秋季深翻、平地碎土，压低越冬基数；采用甲拌磷进行药剂拌种，能兼治其他苗期虫害；挖防虫沟，阻止早春甜菜象甲成虫迁入为害。

小蠹科

昆虫纲鞘翅目的一科。统称小蠹。小型暗色，骨化强；外咽缝1根；触角球杆状，膝状弯曲；胫节常具齿；跗节假4节型；为象甲总科中的高等类群。全世界已知约6000种，中国有500余种。是森林的重要害虫。

虫体微小，体长1～9毫米，暗褐色。触角折曲呈膝状，末端3节膨大，构成锤状部；外咽片消失，仅存1条外咽缝；无上唇；下颚须3节，节间僵直不能活动；足跗节5节，其中第4节甚小，成为假4节；翅脉简化。无喙；足干扁，足胫节外缘有齿，或足胫节末端有一向里面弯曲的刺；有发达的几丁质前胃。

终生潜伏于树干中，只有新成虫羽化后的短暂时间飞离树身，在林中活动、觅食、交配，另筑坑道入侵新寄主。中国北方小蠹多1年1代，高温年份可出现2年3代或1年2

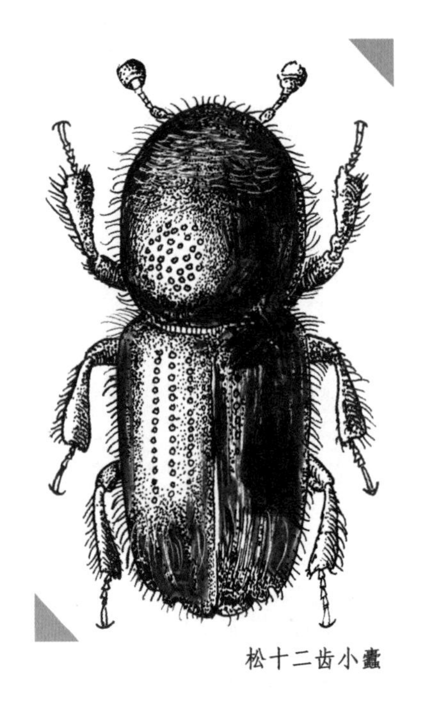
松十二齿小蠹

代。北方小蠹多喜干旱，因此，高温少雨往往成为小蠹大量发生成灾的原因，在针叶林区，这种现象比较明显。小蠹大多是次期性害虫，即只在树身衰弱或采伐以后才入侵树冠、树干和树根。生活于树皮或材心内，为害隐蔽。繁殖力强，有些种类一经侵入树身，繁殖量则不计其数，且终身潜伏树身内部，故而为害时间长久而严重。中国南北林区每年均因小蠹为害而蒙受不同程度的损失。

小蠹是社群性昆虫，各穴的两性比数和两性分工均确定，性比因属而异，有一雄一雌、一雄数雌和一雄多雌等类型；雌虫修筑母坑道，同时在坑侧筑卵龛依次前进产卵，雄虫在侵入孔端头守候或在交配室内部排出坑道中的木屑和代谢废物，并与雌虫交配。小蠹的坑道有繁殖坑道和营养坑道两种。繁殖坑道是由配偶成虫组成的窝穴，其中包括母坑道（或称卵坑道）、子坑道、蛹室、羽化孔、通气孔等。母坑道有纵向、横向或呈放射向的，有一条、数条或多条的，即单纵坑、复纵坑、单横坑、复横坑或星坑等。营养坑道为新成虫羽化后因取食树株干皮造成的痕迹，特征不明显。

此科昆虫按照食性可分为两大类：树皮小蠹类和食菌小蠹类。树皮小蠹钻蛀在树皮与边材之间，直接取食树株组织；食菌小蠹钻蛀木质部内部，坑道纵横穿凿在材心中，坑道周缘有真菌及其他微生物与之共生，食菌小蠹取食真菌及其他微生物的菌丝和孢子。树皮小蠹对寄主的选择比较严格，显示寡食性。食菌小蠹对寄生植物的选择不严格，能寄生多种植物，显示多食性。小蠹两种食性的分化是历史演化的结果：寄生于裸子植物的较原始的小蠹类群均属树皮小蠹类；被子植物出现后，寄生其上的小蠹采用了一种新方式，即与真菌共生，通过真菌获得消化纤维的能力，钻入树木材心，开辟了新的食物能源，从而大量繁殖。从齿小蠹亚科可以看到：原始的属，如星坑小蠹和齿小蠹，均寄生于针叶树，取食树皮。而高等的属，如材小蠹和木小蠹，主要为害阔叶树，寄主种类很多，适应性强，是有树便钻的重大害虫，仅材小蠹一个属的已知种已达 1500 种（约占小蠹科总数的 1/4）。

隐翅虫科

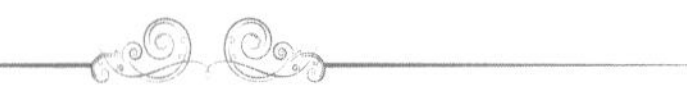

昆虫纲鞘翅目的一科。统称隐翅虫。鞘翅极短，腹部大部外露，少数鞘长，覆盖整个腹部，虫体狭长，两侧平行。此科包括近1500属，分归在近20个亚科中。中国记载1200余种。隐翅虫科极为广布，发生在各种各样的栖息地中。但最常见的是落叶层中，特别是潮湿环境的落叶层中。

体长0.5～50毫米（一般1～20毫米），多为狭长形，但有时也可能为长圆形或近卵圆形，强烈隆凸至平扁形，体表光滑或被直立或卧毛。触角多为丝状，有时向端部逐渐扩粗，少数情况形成明显端锤，第1节多延长，有10节触角但并不常见，着生点多露出。一般情况前胸背板侧边完整，背腹缝有时不明显或缺失。前足基节多少突起，相互靠近可邻接，基腹连片露出或隐藏式；基节窝后一般开口窄，有时很宽，极少数封闭，内侧关闭情况多变化，鞘翅一般多极短，平截，露出3节或更多腹节背板，个别时候完整或只露出1或2节。后翅有次生关节点。跗节多为5-5-5，有时为2-2-2或3-3-3，或者为不同的异跗节式。腹部一般可以背腹弯曲运动，有6或7节可见腹板，前1或2节腹节背板膜质。雄器一般无分离的基片，侧叶附着在中央体上。

幼虫多变，常狭窄、延长，多数种类的头盖缝干发达，上唇有时融合在头壳上，单眼数目不固定，1～6个或缺失。上颚多为镰刀形，无臼齿和臼叶，端末的变化可以是具几个齿，具多个齿或近端具刺状假臼齿。下颚合颚叶不分裂，多为镰刀形，或斜截。它有时也呈三叶状，分节，或指状或极度退化。口器腹面的部分有时内缩。咽缝有时会合在一起，舌有时狭长。尾须1或3节或缺失。

此科昆虫性活泼，跑动迅速，善飞翔，如遇惊扰立即逃逸。一些种类常有夜间飞集灯光的习性。很多种类生活在海滨与水边湿地，常潜伏在枯枝落叶、树皮或朽木下，有的居住在鸟类和啮齿动物的巢穴里。有300余种在蚁巢中与蚁共栖，还有的在大黄蜂与胡蜂巢中生活，捕食它们的幼虫和蛹。

此科的种类食性复杂，多数隐翅虫是捕食者，有些取食真菌孢子、菌丝或藻类，也有许多种类生活在蚂蚁或白蚁的巢穴中，还有的食腐败的植物与腐烂的动物或取食粪肥，少数类群营昆虫寄生生活。毒隐翅虫属的个体破碎后，虫体液与人的皮肤接触可引起皮炎，如中国长江以南较为常见的黄胸青腰隐翅虫，俗称疯蚂蚁，即是毒隐翅虫属的一种。

黄胸青腰隐翅虫

隐翅虫科的一种。分布在较温暖的地区，中国分布于江苏、浙江和贵州等省。国外分布于印度、斯里兰卡等国。是一种有毒的昆虫，触及人体皮肤可导致炎症。常发现在水稻田里，对在农田操作者有一定的危害，为医学上所重视的昆虫。

体长 6～7 毫米。有金属光泽，头与腹部末 2 节黑色；前胸与腹部前 4 节红褐色，鞘翅蓝色，上颚与下颚须黄褐色、端部 3 节略显灰褐色，触角暗色，前 3、4 节黄褐色；足黄褐色，腿节端部、胫节与跗节基部灰褐色。头圆形，布有大的刻点，腹眼中部光滑。触角 11 节，丝状。前胸背板椭圆形，后方稍宽，鞘翅短，长方形，密布大刻点，末端截形，腹部两侧平，大部外露，末端具 1 对尾状突起。跗节 5 节。

萤科

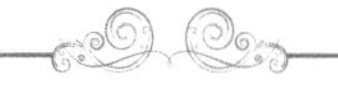

昆虫纲鞘翅目的一科。通称萤火虫。头被前胸覆盖，腹端具发光器，能发光，体较扁而体壁柔软。全世界已知约2000种，分布于热带、亚热带和温带地区。中国记载10属54种。

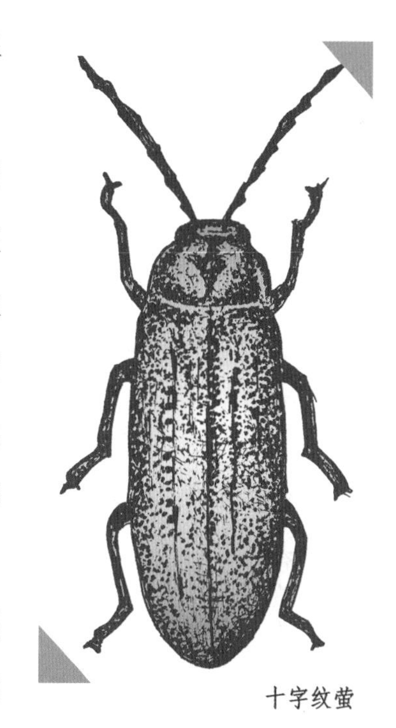
十字纹萤

小至中型，长而扁平，体壁与鞘翅柔软。前胸背板平坦，常盖住头部。头狭小。眼半圆球形，雄性的眼常大于雌性。在额的前方，两眼之间具触角1对，各11节，丝状、锯齿状或栉齿状，2触角基部相接近。上颚弯曲，贯穿有沟。

雄性一般鞘翅发达，盖住腹部和后翅，雌性常无翅，但黄萤属雌、雄均有翅。鞘翅表面密布细短毛，鞘翅缘折基部宽。前足基节圆锥形，有亚基节；中足基节圆筒状，两基节相接连；后足基节横阔形。足细长，无特殊膨大的部分，跗节 5 节。腹部 7 ～ 8 节，末端下方有发光器，能发黄绿色光。幼虫褐色，长形，前后两端尖细，体节明显，头小，足发达，发光器 1 对，一般位于第 8 腹板。

萤火虫夜间活动，卵、幼虫和蛹也往往能发光，成虫的发光有引诱异性的作用。幼虫和成虫均以捕蜗牛和小昆虫为食，喜栖于潮湿温暖草木繁盛的地方。

芫菁科

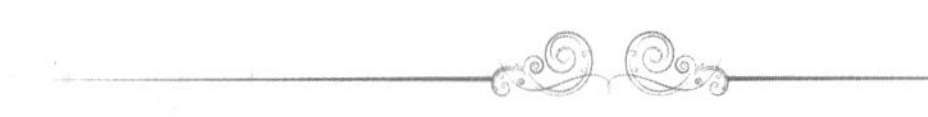

昆虫纲鞘翅目的一科。中型，长圆筒形，鞘翅较柔软；跗节 5-5-4，爪分裂；前足基节窝开放的甲虫。世界已知约 2300 种，广布于世界各地。中国已记录 130 余种，包括古北界和东洋界的种类。

一般为中型，长圆筒形，黑色或黑褐色，也有一些种类色泽鲜艳。头下口式，与身体几成垂直，具有很细的颈。触角 11 节，丝状或锯齿状。前胸一般狭于鞘翅基部，鞘翅长达腹端，或短缩露出大部分腹节，质地柔软，两翅在端分离，不合拢。足细长，前足基节窝开放；跗节 5-5-4；爪纵裂为 2 片。

此科昆虫具复变态。以豆芫菁为例：成虫产卵于土中，幼虫共 6 龄，第 1 龄幼虫蛃型，行动活泼，称为三爪蚴，在土中寻食蝗虫卵块或其他虫卵；第 2 龄幼虫步甲型；第 3、4 龄幼虫均为蛴螬型；第 5 龄幼虫为象甲型，系越冬虫态，不食不动，呈休眠状态，通称假蛹；第 6 龄幼虫又呈蛴螬型，最后化蛹。寄生性的种类如短翅芫菁属和歧翅栉芫菁属的三爪蚴，直接附于寄主蜂类的体上，进入蜂巢内，以寄主的卵或蜂蜜为食，经过复变态发育为成虫，离开蜂巢。

此科一般分为 2 个亚科：芫菁亚科和栉芫菁亚科。芫菁亚科在中国常见的属有斑芫菁属、豆芫菁属、绿芫菁属和短翅芫菁属；栉芫菁亚科常见的属有柔栉芫菁属和带栉芫菁属等。

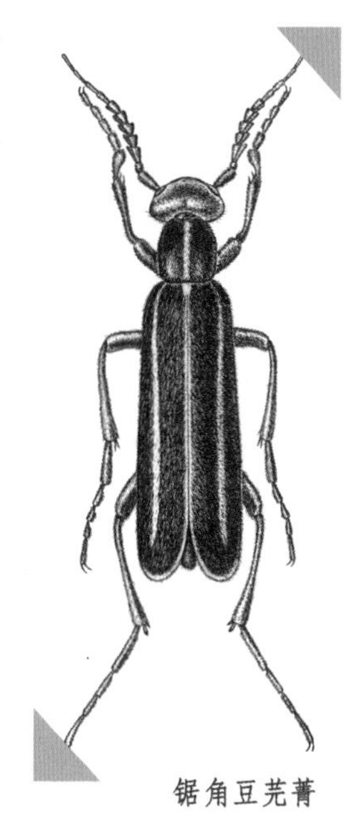
锯角豆芫菁

此科种类经济价值比较复杂，既有益又有害。成虫为植食性，很多种类是农牧业的重要害虫，主要为害豆类、黄麻、马铃薯、花生、甜菜等作物以及牧草、苜蓿等，有的种类还为害药用植物如黄芪、甘草等。由于此科昆虫能产生芫菁素（又称斑蝥素），有起泡、利尿等作用，很久以来就在医学中应用。《本草纲目》所载的“葛上亭长”即指豆芫菁属的豆芫菁或同属的其他种类；欧洲用来提取芫菁素的种类主要是绿芫菁属的西班牙绿芫菁。临床试验证明，芫菁素在治疗癌症方面也有一定的疗效。幼虫为捕食性或寄生性。捕食性的如芫菁亚科的斑芫菁属和豆芫菁属，幼虫取食蝗卵，对于抑制蝗虫的发生起着有益的作用。寄生性的如芫菁科的短翅芫菁属、栉芫菁亚科的歧翅栉芫菁属等，幼虫寄生于花蜂或蜜蜂的蜂巢内，对养蜂业有害，对植物的授粉亦不利。

圆泥甲科

昆虫纲鞘翅目的一科。体长 1～3 毫米，卵圆形，强烈

隆凸，光滑无毛。单属科，约25种，发现于世界各主要大区。它们栖息在溪流边缘的泥沙地带，取食藻类。

头部、前胸背板和体腹面有瘤突，鞘翅有时具隆脊；头极度下弯；触角7或9节，有1节或3节的端锤；下颚须短于触角。前胸背板退化，无足基节间突。前足基节大，横形，遮盖腹板，基节窝后方有宽阔的开口。中足基节横卵圆形。相互远离。鞘翅刻点排列成行。后胸腹板短，后足基节相互远离，后胸腹内骨无柄状骨。后翅无经室也无胫中横脉；中脉只有痕迹。跗节4-4-4式。前2个可见腹节腹板合生在一起，前两节之间的缝不明显。雄器有很长的基片和部分融合的侧叶。

幼虫狭长，两侧多少平行。无头盖缝干，两侧臂接近。头侧各有6个单眼。触角有较长的感觉圈。附须附突退化。无侧唇舌。足极短宽。中、后胸和腹部第1～8节背板每侧各有2～4个瘤突；第9腹节背板发育正常，有2个中瘤突和1对短锥状尾须；第10腹节正常，形成腹尾端。气门双孔型。

葬甲科

昆虫纲鞘翅目的一科。通称葬甲，又称埋葬虫。世界记载近800种，多数分布于全北区。中国已知50种以上。

触角棒状，前足基节大，圆锥形，左右相接触。跗5节，腹端常外露，食尸性或腐食性甲虫。体长1.5～45毫米。体形近长方形，多黑色或褐色，常有黄、橙或红色斑点。头部多为前口式，触角11节，许多种类的端部3～4节扩大呈棒状，复眼大。前胸背板长阔相等。鞘翅盖住腹部，或超出腹端，或腹部后方2～4节露于鞘翅之外，端部近截形或弧形。腹部腹板可见6节。足长大、前足基节窝后方开口。前足基节圆锥形，跗节5节。多以动物尸体为食，也有捕食蜗牛、蝇蛆、蛾类幼虫或为害植物者。按习性可分为两类：一类是葬甲，以食尸甲属为代表，常是雌虫产卵于动物尸体，然后与它的配偶一起“埋葬”这个尸体，深度常达30厘米左右，从而为其子代幼虫提供了充足的食物和较为安全的生活环境。另一类是尸甲，以扁葬甲属为代表，它们通常在动物尸体下、尸体内爬行和取食。另有一些小型种类生活在真菌或腐烂植物组织中，也有见于蚁巢或小型哺乳动物窝内的种类。

瓢虫科

昆虫纲鞘翅目的一科。中、小型；体背面圆隆，腹面平坦；跗节为隐四节类；常具鲜明色斑的甲虫。本科昆虫通称瓢虫。在植物上捕食蚜虫、介壳虫、粉虱、叶螨等。虽有少数瓢虫为害栽培作物，但大多数种类为农作物害虫的天敌。全世界记载约 500 属 5000 余种。中国已记录近 400 种。其中，植食性的种类约占 1/6。

瓢虫科与鞘翅目其他各科的主要不同点是：①典型的跗节为隐四节类，第 2 节宽大，第 3 节特别细小，第 4 节特别细长，第 3、4 节连成一体，细长，称附爪端节，自第 2 节的凹陷或分裂中伸出；一些种类第 3 节退化或与第 4 节愈合，因而附爪端节仅有 1 节；但在 4 节瓢虫亚科中，附节的第 2 节不特别宽大，第 3 节不特别细小，第 4 节不特别细长，构成 4 节式。②可见的第 1 腹板在基节窝之后有后基线，仅少数属不具此特征。③下颚须末节斧状，两侧向末端扩大，或两侧相互平行；如果两侧向末端收窄，则至少前端减薄而且平截；但小艳瓢虫亚科的下颚须末节锥形、长锥形、卵形或圆筒形而向末端缩小。大多数瓢虫同时具有上述 3 个特征。仅有少数类群只具备其中的 2 个特征。

食植瓢虫亚科的大多数种类取食茄科、葫芦科、菊科植物，也有的取食豆科、禾本科、葡萄科、绣球花科、毛茛科、荨麻科、五味子科、马鞭草科、茜草科等植物，少数种类取食蕨类（海金沙科）。其中一些种以栽培作物为食，例如分布于古北界的马铃薯瓢虫和分布于印度－马来亚区的茄二十八星瓢虫为害马铃薯和茄子；分布于印度－马来亚区的瓜裂臀瓢虫为害瓜类；分布于印度－马来亚区的大豆瓢虫和分布于北美的墨西哥豆瓢虫为害大豆。这些都是重要的栽培作物害虫。在瓢虫亚科中的食菌瓢虫族以真菌（白粉病菌的菌丝和孢子）为食。除此以外，瓢虫亚科的大部分种类和刻眼瓢虫亚科主要以蚜虫为食，小毛瓢虫亚科和小艳瓢虫亚科捕食蚜虫、介壳虫、粉虱、叶螨；其中食螨瓢虫族专食叶螨，是叶螨的重要天敌；隐胫瓢虫亚科捕食蚜虫和介壳虫；盔唇瓢虫亚科捕食有蜡质覆盖物的介壳虫（如盾蚧、蜡蚧等），其唇基向两侧和向前伸展，成为掀开蜡质介壳的特殊构造；四节瓢虫亚科和红瓢虫亚科取食绵蚜和绵蚧，其幼虫背面亦覆盖蜡粉或蜡质丝，外形与取食对象相似（拟态）。在捕食性的瓢虫中，七星瓢虫是古北界常见的蚜虫天敌，中国采取助迁和保护的方法用它来防治棉蚜。异色瓢虫也是古北界常见的蚜虫天敌，因其色斑变异很大，曾用于遗传学的研究。澳洲瓢虫于 1888 年从大洋洲引入美国，以防治当时严重为害柑橘的吹绵蚧。散放后的第二年，吹绵蚧的种群数量明显下降。随后，又引入到其他热带和亚热带地区，也都取得长期控制吹绵蚧的良好效果，成为引进天敌的第一个著名成功范例。小红瓢虫原产于亚洲南部，1928 年自日本引入塞舌尔共和国、加罗林群岛、马里亚纳群岛、马绍尔群岛以防治塞舌尔吹绵蚧，这也是引进天敌防治害虫的成功范例之一。中国曾把大红瓢虫移殖到湖北省宜都市，以防治柑橘园内的吹绵蚧，同样取得良好的效果。

七星瓢虫

L. 冈尔鲍尔（1899）曾把瓢虫科分为 3 个亚科：瓢虫亚科、食植瓢虫亚科和四节瓢虫亚科。佐佐治宽之（1968，1971）又把瓢虫科分为6个亚科。后来，从冈尔鲍尔系统中的瓢虫亚科划分出小艳瓢虫亚科、小毛瓢虫亚科、刻眼瓢虫亚科、隐胫瓢虫亚科、盔唇瓢虫亚科和红瓢虫亚科，结果形成9个亚科的分类系统。这9个亚科不但各具特殊的形态特征，而且食性也有所不同。

鳃金龟科

昆虫纲鞘翅目金龟总科中最大的一科。触角鳃叶状，腹气门在后方稍分开成2列，2爪同形，不能活动，身体粗壮，幼虫土栖的甲虫。此科昆虫通称鳃金龟。已有记载逾万种，分布几乎遍及全球，以热带地区种类最多。中国已记录约500种。是农林业的重要害虫。

小至大型，通常呈卵圆形或长椭圆形，体色多呈棕、褐至黑褐，产于热带地区的种类中，有一些色泽比较艳丽。头部口器为唇基遮盖，背面不可见。触角9～10节，鳃片部3～8节。前胸稍狭于或等于翅基之宽，中胸后侧片于背面不可见。小盾片显著。鞘翅缝肋发达，常有纵肋 4 条，也有多至 9 条或完全消失者，盖达腹端，但臀板外露。后翅多发达能飞，亦有退化只留翅痕不能飞翔的（皱鳃金龟属）。腹部最后 1 对气门露出鞘翅之外。足短壮或较纤长，前足胫节外缘有 1 ～ 3 齿，内缘多有距 1 枚，中足、后足胫节各有端距 2 枚，跗节末端有同形的爪 1 对，少数如单爪鳃金龟族则前足爪与中足爪常大小殊异，但其后足只有爪 1 枚。

鳃金龟主要分布于欧亚大陆和南北美洲，其中一些广布属，如鳃金龟属、云鳃金龟属等，有不少种类的成虫嗜食裸子植物（如松、杉）。中国产大栗鳃金龟为害杉、云杉和松，宽云鳃金龟为害多种松树。这些种类 3 ～ 6 年完成 1 代，其幼虫（蛴螬）在土内几度越冬，长期为害农林作物。根鳃金龟种类最多，包括许多重要的地下害虫，如广布于亚洲东部的齿爪鳃金龟属有 200 种以上，其中有很多重要害虫，如东北大黑鳃金龟、华北大黑鳃金龟、暗黑鳃金龟等系中国北部、中部和东北地区的重要地下害虫。宽齿爪鳃金龟是漆树的害虫。霉鳃金龟属中的大头霉鳃金龟是甘蔗及其他大田作物的害虫。

犀金龟科

昆虫纲鞘翅目金龟总科的一科。通称犀金龟。又称独角仙。触角鳃叶状，腹气门列后方排成2列，上颚背面可见，头及前胸常具角状或叉状突。多分布在热带地区，尤以南美洲、北美洲种类最为丰富，非洲种类也很多，亚洲和欧洲种类最少。全球已知近1500种，中国记载约30种，多数分布在长江以南的热带、亚热带地区。

主要特征是上颚甚发达，从背面可见。上唇膜质，与头部愈合。触角10节，鳃片部3节。小盾片发达显著。前胸腹板有垂突。前足基节横生，后足胫节有端距2枚，爪成对，对称而简单。性二态现象常很显著，不少属的雄体头上、前胸背板有简单或分叉的角突。犀金龟科包括多种鞘翅目中体型最大的甲虫，如双叉犀金龟体长达60毫米，细角尤犀金龟体长达65毫米。

双叉犀金龟

中国犀金龟种类虽少，但包括多个严重为害农林业的种类，经济意义重大，如蔗犀金龟属中的3种蔗龟是广东、广西、福建、台湾、云南甘蔗的头等害虫。椰蛀犀金龟不仅是大洋洲重要经济作物椰子树的首要害虫，也是中国广东南部和海南椰子及其他棕榈科经济作物的严重威胁。中国北部属于古北区系的阔胸犀金龟是华北、东北地区的重要地下害虫之一。中国的滑异爪犀金龟分布于广西、云南和贵州，不仅为害甘蔗，而且为害旱稻、湿润秧田的秧苗等。双叉犀金龟雄虫用作中药材，称为独角蜣螂，其功用同蜣螂。

丽金龟科

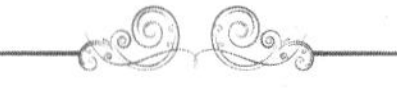

昆虫纲鞘翅目金龟总科的一科。触角鳃叶状，一对爪不等长、可相互活动，体色多较鲜艳的中、大型粗壮甲虫。通称丽金龟。分布遍及全球，热带地区最多。中国种类主要是东洋区成分，古北区成分较少。中国虽少特有属，但特有种却不少，如异丽金龟属中的草褐异丽金龟、深绿异丽金龟以及喙丽金龟属中的许多种。

此科种类大多体色艳丽，有铜绿、古铜、墨绿、金紫、翠绿等强烈金属光泽，不少种类体色单调，呈棕、褐、黑等色，其上或有深色条纹和斑点。体多为卵圆形或椭圆形，背面、腹面弧形隆拱，触角 9 节或 10 节，鳃片部 3 节。小盾片显著。腹部气门前 3 对着生在背腹板间的侧膜上，后 3 对位于腹板上端部。后足胫节有端距 2 枚。各足跗节端部有 1 对形状不等的爪，较大的爪末端常分裂。

此科种类盛发于森林和平原，许多种类为害乔木、果树、灌木、绿化观赏树和树苗，特别是阔叶树被害严重。其幼虫（蛴螬）在地下对很多作物造成大害，甚至可达到毁灭性的损害。经济上重要的种类如铜绿异丽金龟是江苏、浙江、山东及华北和东北南部广大地区的主要地下害虫种类之一，中华弧丽金龟（又称四纹丽金龟）是华北、东北的重要地下害虫，额喙丽金龟是新疆防护林带的首要害虫。

铜绿异丽金龟

丽金龟科的一种。又称铜绿金龟子，铜壳螂。中国在黑龙江、吉林、辽宁、河北、内蒙古、宁夏、陕西、山西、山东、河南、江苏、安徽、浙江、湖北、江西、湖南、四川等省、自治区均有分布；朝鲜半岛和蒙古国也有分布记录。成虫体长 16 ～ 22 毫米，体宽 8.3 ～ 12 毫米。中型甲虫。体长卵圆形，背腹扁圆，体上面铜绿色，头面、前胸背板色泽显深，鞘翅较淡而泛铜黄色。唇基前缘、前胸背板两侧呈淡褐色条斑。臀板黄褐色，常有形状多变的 1 ～ 3 个铜绿或古铜色斑。腹面多呈乳黄或黄褐色。头大，唇基短阔，

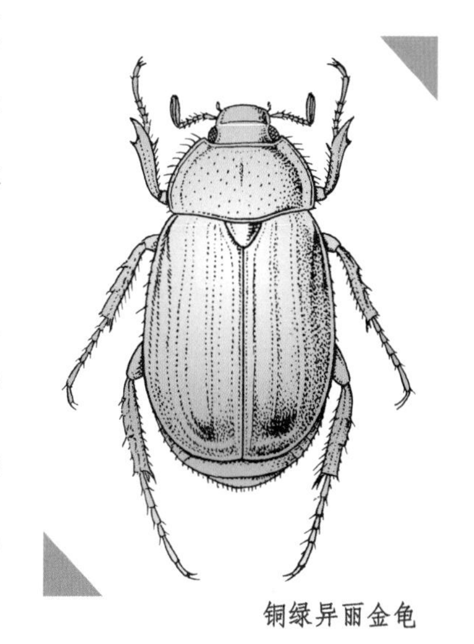
铜绿异丽金龟

梯形，头面布皱密刻点。触角9节，鳃片部3节。前胸背板大，侧缘略呈弧形，最阔点在中点之前，前侧角前伸尖锐，后侧角钝角形，后缘边框宽，前缘边框有显著膜质饰边。小盾片近半圆形。鞘翅密布刻点，背面有2条清楚的纵肋纹，缘折达到后侧转弯处，翅缘有膜质饰边，胸下密被绒毛。腹部每腹板有毛一排。前足胫节外缘2齿。

铜绿异丽金龟是中国黄淮一带粮棉区的主要地下害虫之一，1年发生1代，以老熟幼虫越冬。成虫杂食而量大，喜食苹果、杨、榆、核桃等树叶，是果园、林木的重要害虫。蛴螬在土内为害作物根系，尤喜取食马铃薯、甘薯等块茎、块根和花生果。

龙虱科

昆虫纲鞘翅目的一科。水生。成虫体流线型，背腹面隆拱；触角长，11节，丝状；下颚须短；后足转化为游泳足，

基节增大，接近于鞘翅侧缘。腹部有6～8腹板。本科昆虫通称龙虱。中国记载约160种。

全变态。成虫游泳敏捷，经常将腹末突出水面，由腹末的小孔排出气室里的二氧化碳并吸入氧，进行气体交换；雌虫用产卵管刺破水生植物皮层，产卵其中；成虫能飞，偶尔飞趋灯光。幼虫称水蜈蚣，圆柱形，头略圆，有锐利的上颚1对，每上颚沿内缘有一条小管道；幼虫常倒悬水中，腹末伸出水面，由腹末气门进行呼吸；幼虫成熟后在水边湿土上筑蛹室化蛹。

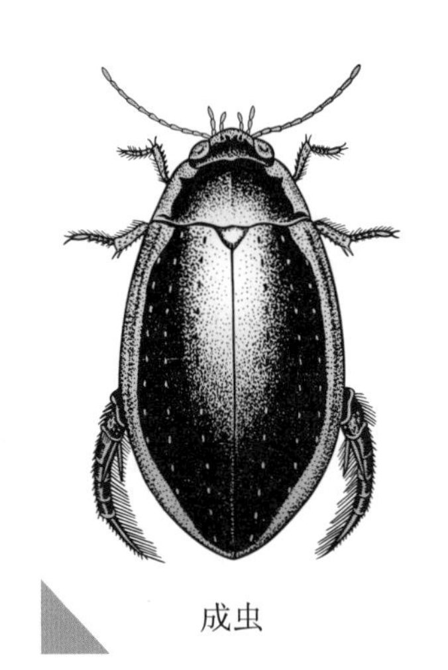

成虫

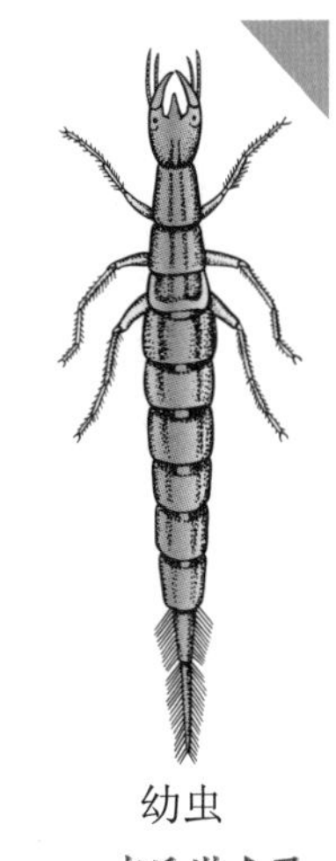

幼虫

卢氏潜龙虱

龙虱成、幼虫均为肉食性，捕食多种水生小动物。在鱼塘，幼虫一夜间可猎食鱼苗多尾，为害严重，个体大的龙虱可作为药材和食品，能治小孩遗尿。

潜龙虱属的龙虱多为大型种，中国已记载9种。生活于湖泊、池塘、鱼塘以及有水草的小溪和水沟；分布极广，从东北至海南、从江苏至西藏均有记录；除南美外世界各国均有分布。

体长13～42毫米。体躯中后部胀大，后端稍尖，背棕黑，常有绿色反光，沿前胸和鞘翅两侧有棕红色带；头部略半圆，上颚大而尖；足3对，后足稍扁，披长毛，为游泳足，雄虫前足跗节基部3节显著胀大，腹面有数列吸盘，披毛成刷、鞘翅紧贴腹部背面两侧，两者之间形成一气室，贮存空气。

长角象科

昆虫纲鞘翅目象虫总科的一科。全世界已知约2900种，主要分布于热带，尤以印度－马来界为多，温带较少。中国主要种类有：咖啡豆象，为重要的仓库害虫；蜡蚧象，为白蜡蚧的天敌；荻粉长角象，为害用作造纸原料的荻。

小型或中型。喙短而宽；上唇明显而分离，下颚须4节，柔软可弯曲；外咽缝有的消失；触角细长，不呈膝状，仅端部3节膨大，有的触角很长，形如天牛；前胸后缘有隆线，并延伸至前胸两侧，腹部腹板5节。成虫多出现于死枝条和树皮下。幼虫有短足或无足，一般生活于寄主植物的木质部或为害种子；有些种类为肉食性，取食介壳虫。有报道，长角象有生活于真菌中的。

卷叶象科

昆虫纲鞘翅目象虫总科的一科。小或中型，体无鳞片，头基部可延成颈状，触角不呈膝状。跗节假4节型的甲虫。通称卷叶象。中国已记录250余种，不少种类是果树林木的害虫。

小或中型。身体无鳞片，一般体色艳丽，具金属光泽。喙延长或头基部延长；上唇消失，下颚须4节；外咽缝愈合。触角不呈膝状，末端3节呈棒状。喙长，上颚扁平，内外缘具齿，腹板1～2节愈合；或喙短，上颚外缘无齿，腹板1～4节合生。雌虫能切叶卷筒，卵产于卷筒内，幼虫以筒巢为食；或能钻蛀果实，卵产于果中，幼虫为害果实。

中国重要种类有梨虎象、杏虎象、葡萄卷象和广泛分布的尖尾卷象。

三锥象科

昆虫纲鞘翅目象虫总科的一科。体狭长，体壁光滑；头延伸成长喙；触角线形，不呈膝状；跗节假4节型的甲虫。通称三锥象。全世界已知约1300种，多数产于热带。以印度、马来及新热带界为多，少数分布于非洲、大洋洲、古北界和新北界。

小至中型。喙通常因性别而异：雌虫喙细长如棒，向前伸出，触角不呈膝状，末3节很少呈棒状，从喙基部斜伸，头部宛如三锥；雄虫喙短或略短。前胸延长，在前足基节前特别延长，后缘近基部收缩；鞘翅狭长，刻点行明显；转节短，腿节基部与基节接触；腹板5节。幼虫体短，无足。一般食植物木质部，稀有捕食种类。中国重要种类有甘薯小象。

负泥虫科

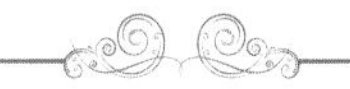

昆虫纲鞘翅目叶甲总科的一科。统称负泥虫。叶甲总科中较原始的类群。包括7个亚科。中国有200多种，分属5个亚科：距甲亚科、瘤胸叶甲亚科、茎甲亚科、水叶甲亚科和负泥虫亚科。前2个亚科分布在古北界和东洋界，中国南北方均有分布；茎甲亚科主要分布在东洋界、非洲界和澳洲界，中国限于北纬31°以南；水叶甲亚科主要分布在全北界和东洋界，其他区较少，新热带界则无，中国南北方均有分布；负泥虫亚科在动物六大界内全有分布，中国南方明显比北方多。

中至大型，有时具花斑，一些类群有金属光泽，一些类群色泽十分艳丽。成虫头型前口式，后头发达，一般眼凹较深，前胸背板两侧无边框，后腿节粗大，后翅有一个臀室，雄虫外生殖器一般环式。幼虫形态差异较大，呈现不同的适应方向，距甲幼虫体形较直，背、腹面有瘤突，瘤胸叶甲幼虫体较平扁，茎甲幼虫肥厚，呈C形；水叶甲幼虫头小，形似蝇蛆，腹部末端有一对发达的气门，负泥虫幼虫背面明显隆起，肛门在背面。

负泥虫习性比较复杂，食性范围较广，主要取食单子叶和双子叶植物，其中一些亚科或属对寄主有一定选择范围。距甲亚科的一些属常发生在豆科植物上。幼虫在植物的嫩梢中取食，老熟后落地，在土下做室化蛹。瘤胸叶甲亚科主要取食柳科植物，幼虫潜叶，食叶肉，老熟后脱叶入土，做室化蛹。茎甲亚科主要发生在豆科植物上，幼虫在植物茎干内取食，被蛀部分膨大成虫瘿，在瘿内结茧化蛹。水叶甲亚科多发生在禾本科植物上，幼虫在水中食根，用腹端的气门插在根中进行呼吸，在近表土处做茧化蛹。负泥虫亚科常发生在禾本科、鸭跖草科、菝葜科等植物上，幼虫在叶表取食，将排泄物背在背上，老熟后结茧化蛹。

距甲亚科是此科最典型的保持较多原始特征和习性的类群，如上颚单齿、中唇舌两叶敞开，有中胸发音器，各足胫端具双距，爪具爪间突，阳茎具一对中突，幼虫蛀茎。负泥虫亚科代表较进化的类群，它的阳茎不同于其他亚科，为半环式。豆象科实属负泥虫科这一支系，它的成虫和幼虫形态以及某些主要习性与茎甲、距甲十分相近，因此过去将它归入负泥虫科。但是由于豆象科作为一个科已经历史悠久，故仍予以保留。锯胸叶甲亚科过去包括在负泥虫科内，但它的前足基节窝开放式，阳茎全环式，不同于负泥虫科，现在趋向于归入叶甲科。

负泥虫中的一些种类是农业的大害虫，如水稻食根虫、水稻负泥虫。谷子负泥虫是中国重要的粮食害虫。白蜡梢距甲是中国林业新发生的一种害虫。枸杞负泥虫普遍发生在中国北方，严重影响枸杞的生长。

水稻负泥虫

负泥虫科的一种。俗称牛屎虫、巴巴虫。分布于中国黑龙江、吉林、辽宁、陕西、浙江、湖北、湖南、福建、台湾、广东、广西、四川、贵州、云南。朝鲜半岛和日本也有分布。成虫体长 3.7～4.6 毫米，体宽 1.6～2.2 毫米。头、触角（基部两节橙红色）、小盾片钢蓝或接近黑色。前胸背板（除前缘与头同色外）、足大部（基节、胫端及跗节黑色）橙红色。鞘翅深蓝并带金属光泽，体腹面一般黑色，背面光洁无毛，头、触角和体腹面被金黄色毛。头具刻点；头顶后方有一纵凹，触角长度几达体长的 1/2。前胸背板长大于宽，前后缘接近平直，两侧前部近于平行，中部以后收狭，基横凹不深，正中央有一短纵沟，横凹前微隆；刻点较密，其凹处更为明显，中纵线有 2 行排列极不规则的刻点；小盾片倒梯形，表面无刻点。鞘翅两侧缘近平直，肩胛内侧有一浅凹；刻点行整齐，

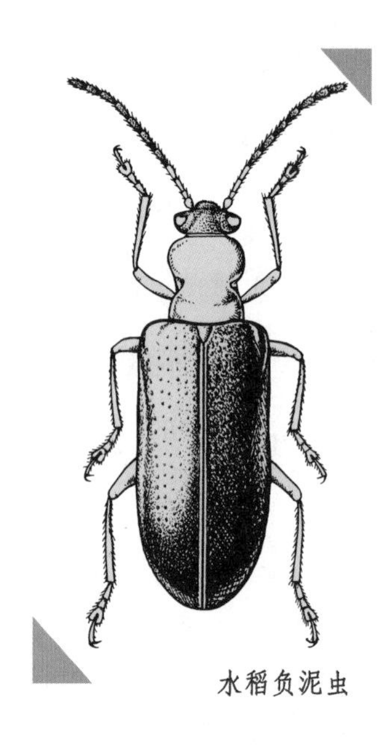
水稻负泥虫

基部和末行刻点较粗大，行距平坦；小盾片刻点行整齐，有3～6个刻点。卵长椭圆形，长约0.7毫米。幼虫近于梨形，背面明显隆起。

水稻负泥虫是中国水稻的重要害虫，为害秧苗和稻田的禾苗，成虫、幼虫沿叶脉取食叶肉，在叶尖部分则食穿表皮。大发生年受害严重的禾苗全部变白，或造成禾苗生长黄弱，抽穗不齐，稻谷减产。1年发生1代，以成虫在稻田附近的禾本科杂草根际和叶鞘中越夏、越冬，取食一段时间即交尾产卵。卵在秧苗和稻叶的正面，一般靠近叶尖，卵块排成两行，每块有1～27粒卵。幼虫共4龄，初孵幼虫群集为害，以后逐步扩散到他处为害，幼虫排泄物堆积在背面，老熟后脱去背面的排泄物爬至水面部的叶片或叶鞘结茧准备化蛹。除为害水稻外，受害作物还有粟、黍、小麦、大麦、玉米、芦苇、糠稷、茭白。

枸杞负泥虫

负泥虫科的一种。俗称十点叶甲。中国除东北、西南外，大部分地区均有分布。朝鲜半岛、日本均有记载。此虫体长4.5～5.8毫米，体宽2.2～2.8毫米。头、触角、前胸背板、体腹面、小盾片蓝黑色；鞘翅黄褐至红褐，每个鞘翅具5个近圆形黑斑（肩部1个，中部前后各2个）。鞘翅斑点的数目和大小均有变异，有时全部消失。足黄褐至红褐色，一般基节、腿节端部和胫节基部黑色。头部刻点粗密，头顶平坦，中央有一条纵沟，沟中央具一凹窝；触角粗壮，伸达翅肩。前胸背板近于方形，表面较平，散布粗密刻点，基部前的中央有一个椭圆形深凹窝。鞘翅末端圆形，翅面刻点粗大。小盾片刻点行有4～6个刻点，明显小于翅面其他刻点。卵橙黄色，长圆形。幼虫灰黄色，前胸背板黑色，胸足3对发达；蛹淡黄色。此虫在中国发生普遍，为害严重，1年约有5代。成虫产卵于叶面或叶背，排成“人”字形。成虫、幼虫均食叶，以幼虫为甚，使叶片呈不规则的缺刻或孔洞，最后仅留叶脉。受害轻者，叶片被排泄物污染，影响生长和结果；大发生时，全株枸杞叶片、嫩梢被害，严重影响枸杞的产量。幼虫老熟后入土化蛹。

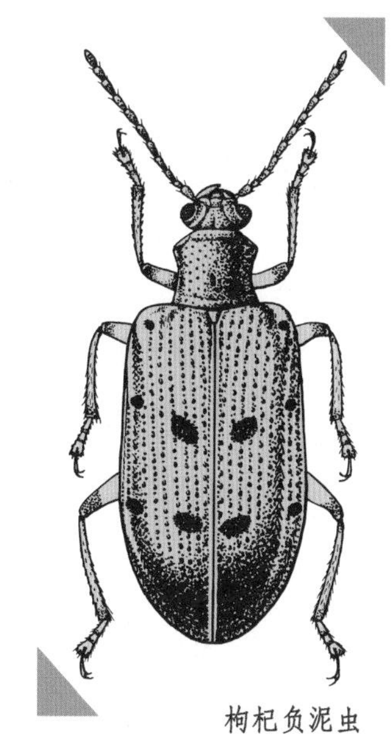

枸杞负泥虫

天牛科

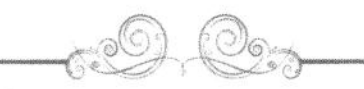

昆虫纲鞘翅目叶甲总科的一科。统称天牛。中、大型，长圆筒形；触角长、鞭状、刚劲；跗节假4节型；幼虫蛀木。全世界已知20000种以上，中国已知2000多种。

天牛是植食性昆虫，大部分为害木本植物，如松、柏、柳、榆、柑橘、苹果、桃和茶等；一部分为害草本植物，如棉、麦、玉米、高粱、甘蔗和麻等；少数为害木材，如建筑、房屋和家具等，是林业生产、作物栽培和建筑木材上的重要害虫。

成虫体呈长圆筒形，背部略扁；触角着生在额的突起（称触角基瘤）上，具有使触角自由转动和向后覆盖于虫体背上的功能；各足胫节均具2距，跗节隐5节，显4节。爪通常呈单齿式，少数呈附齿式。除锯天牛类外，中胸背板常具发音器。幼虫体粗肥，呈长圆形，略扁，少数体细长。头横阔或长椭圆形，常缩入前胸背板很深。触角很小，2节或3节，第2节上有一尖而透明的突起。上颚有两种形式：一种粗短，切口呈凿形；一种细长，切口呈斜凹。前胸背板两侧和中央有条纹，背板的刻纹、粗糙颗粒和毛被是分类的重要特征。胸足有的发达，有的若小针，有的退化或完全消失。腹部10节，第6、7节背面和腹面具步泡突，以便在树干隧道内行动，第9节背面通常发达，有时具1对尾突。肛门开口于末节后端，通常1～3裂。卵的形状因种类不同而异，一般狭长，有时较阔，呈圆柱形、椭圆形或卵形、梭形、扁圆形。蛹为裸蛹，身体形状和头、胸附器的比例均与成虫相似。

天牛生活史因种类而异，有的1年完成1代或2代，有的2～3年甚至4～5年才能完成1代。在同一地区，食料的多寡以及被害植物的老幼和干湿程度都影响幼虫的生长发育和发生的代数。一般以幼虫或成虫在树干内越冬。成虫羽化后，有的需进行营养补充，取食花粉、嫩枝、嫩叶、树皮、树汁或果实、菌类等，有的不需补充营养。成虫寿命一般10余天至1～2个月；但在蛹室内越冬的成虫可达7～8个月；雄虫寿命比雌虫短。成虫活动时间与复眼小眼面粗、细有关，一般小眼面粗的，多在晚上活动，有趋光性；小眼面细的，多在白天活动。成虫产卵方式与口器形式有关，一般前口式的成虫产卵时将卵直接产入粗糙树皮或裂缝中；下口式的成虫先在树干上咬成刻槽，然后将卵产在刻槽内。各种

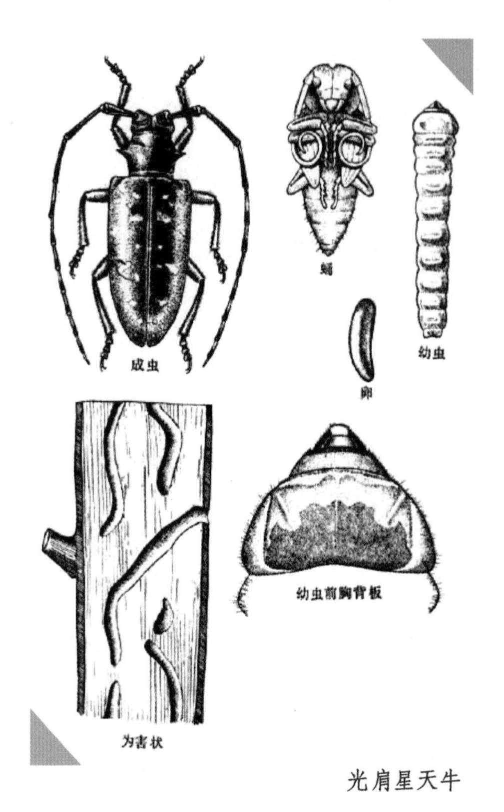

光肩星天牛

类产卵的刻槽不同，如粒肩天牛（桑天牛）和青杨楔天牛的刻槽呈 U 形；光肩星天牛和墨天牛（松天牛）的刻槽呈椭圆或唇形；星天牛的刻槽呈 T 或 I 形。天牛主要以幼虫蛀食，生活时间最长，对树干为害最严重。当卵孵化出幼虫后，初龄幼虫即蛀入树干，最初在树皮下取食，待龄期增大后，即钻入木质部为害，有的种类仅停留在树皮下生活，不蛀入木质部。幼虫在树干内活动，蛀食隧道的形状和长短随种类而异。幼虫在树干或枝条上蛀食，在一定距离内向树皮上开口作为通气孔，向外推出排泄物和木屑。幼虫老熟后即筑成较宽的蛹室，两端以纤维和木屑堵塞，而在其中化蛹。蛹期 10 ～ 20 天。

天牛的分布与自然地理条件有关。中国天牛种类属于古北界及东洋界区系，以东洋界种类最多。古北界的代表种有云杉大墨天牛（云杉大黑天牛）、云杉小墨天牛（云杉小黑天牛）、青杨楔天牛、光肩星天牛和红缝草天牛等；东洋界的代表种有蔗根土天牛、栎凿点天牛、木棉天牛和星天牛等。中国天牛还具有一些特有种、属，如橘绿天牛分布于四川，为害柑橘；豹天牛属分布于陕西、四川和云南，为害杨属和柳属的植物。经济上重要的广布种有粒肩天牛、双条杉天牛、桑虎天牛和墨天牛等。狭布种有：大山坚天牛（大山锯天牛），仅分布于黑龙江，为害蒙古栎；虎纹瓜天牛，分布于滇南，为害油瓜。天牛成虫飞翔力不强，幼虫营蛀干生活，它的分布还受人为因素的影响，苗木和木材的调拨运输使天牛分布区扩大，如家茸天牛原分布于古北区，现向南扩展，几乎遍及全国，因此研究天牛的地理分布与植物之间的关系，对木材的运输和检疫、农业生产规划和天牛的综合治理上能起到预见性和指导性的作用。

天牛为害的植物中，最早出现的是裸子植物的松杉目，松杉目在古生代石炭纪开始出现，在中生代三叠纪大量出现，到侏罗纪已相当发达。据苏联古生物学者 A.B. 马丁诺夫报道，在突厥斯坦发现了侏罗纪类似异天牛属的化石。在天牛类群中，异天牛属并不是最原始的类群，它比狭胸天牛、锯天牛、幽天牛、花天牛等起源晚。最原始的类群是狭胸天牛类。因此，天牛的起源可以追溯至比侏罗纪更早的地质年代。从天牛比较形态、生活习性以及各类天牛在自然界中存在的种类与植物之间平行演化关系上，大体可以看出沟胫天牛类是天牛科中最后起、最进化的类群。有人从大陆漂移的观点，认为沟胫天牛类是最原始的类群。

对于天牛科和亚科的分类，意见不一。为了方便起见，中国采用的系统是把天牛归纳为一个科，科下分 6 个亚科，即锯天牛亚科、瘦天牛亚科、幽天牛亚科、花天牛亚科、天牛亚科和沟胫天牛亚科。

天牛的幼虫蛀食树干和树枝，影响树木的生长发育，使树势衰弱，导致病菌侵入，也易被风折断。受害严重时，整株死亡，木材被蛀，失去利用价值。

铁甲科

昆虫纲鞘翅目叶甲总科的一科。体背常具各色刺突或瘤，统称铁甲虫。全世界已知 6000 ～ 7000 种，主要分布于热带和亚热带地区；中国已知 400 余种，绝大多数分布于长江以南。长江以北种类极少。

体一般小型，长形（龟甲亚科体圆形或卵圆形），体色多幽暗；体背具刺种类多产于旧大陆。南北美洲的种类均无刺，但鞘翅常具瘤或行距呈脊状隆起。脊、瘤、刺代表铁甲科发展的3个不同阶段，即由脊发展为瘤，由瘤发展为刺。美洲的种类尚未达到有刺的阶段。

铁甲科种类的头插入胸腔内，口器下口式或后口式，仅腹面可见，有时部分或大部分隐藏于胸腔内；爪半开式或全开式。具刺的种类前胸和鞘翅均有刺，触角上有刺或无刺。前胸上的刺着生于背板的前缘和侧缘；鞘翅上的刺着生在第2、第4、第6、第8行距上，排列有一定的顺序，称为刺序。前胸刺的数目、鞘翅的刺序以及触角刺的有无，是属种分类的重要依据。幼虫露生或潜叶，体形扁平，有的尾端有一对尾叉，寄生在单子叶或双子叶植物上，有些种类是禾本科植物（如水稻、玉米、竹、甘蔗等）的重要害虫。

从成虫的形态和幼虫的习性来看，铁甲科是一个均一的自然类群。关于此科的分类地位，尚存意见分歧。F. 夏普伊（1874）把它归入隐口类，此类包括2个亚科，即铁甲亚科和龟甲亚科，隶属于叶甲科内。一般的昆虫学教科书现在仍采用这一系统。R.A. 克劳森（1955）把2个亚科合并为一个铁甲亚科；P. 约维勒（1959）把它们提升为2个不同的科；陈世骧（1983）把此科隶于叶甲总科，下分4个亚科，即潜甲亚科、铁甲亚科、丽甲亚科和龟甲亚科。

肖叶甲科

昆虫纲鞘翅目的一科。体色多鲜艳、光滑；下口式，前唇基不明显，鞘翅具折缘，跗节假4节型的甲虫。全世界已知9000余种，广布于世界。中国记载700多种。

肖叶甲科有很多种类是林木和果树的害虫，也有少数种类为害茶、油茶、甘蔗、甘薯、玉米、高粱等。此科包括5个亚科：肖叶甲亚科、锯角叶甲亚科、隐头叶甲亚科、瘤叶甲亚科和隐肢叶甲亚科，各亚科的生活习性并不完全相同。如肖叶甲亚科的成虫食害寄主植物的叶片、叶柄、嫩梢或嫩枝的皮层等，幼虫生活于土中，食害植株根部，并于土中化蛹羽化。锯角叶甲亚科、隐头叶甲亚科、瘤叶甲亚科和隐肢叶甲亚科的成虫和幼虫都生活在植株上，主要食害叶片；幼虫腹部完全包于一个囊内，头和胸部可以伸出或缩入囊内，化蛹和羽化都在囊内进行。肖叶甲科的寄主范围在不同的种类间很不相同。有的食害多种不同科的植物，如褐足角胸叶甲食害菊科、蔷薇科、禾本科和棉、麻作物等；有的食性单一，如斑鞘豆叶甲食害多种豆科植物，甘薯叶甲食害甘薯、蕹菜、打碗花等。

肖叶甲科种类一般多具鲜艳的金属光泽，体表光滑，但瘤叶甲亚科的体色幽暗，体背具瘤突。头顶部分或大部分嵌入前胸内，复眼完整或内缘凹切，椭圆形或肾脏形。唇基与额之间无明显分界。上颚一般较短，但锯角亚科的钳叶甲属上颚发达。触角一般 11 节，丝状、锯齿状或端节膨阔。鞘翅一般覆盖整个腹部，但在瘤叶甲、隐头叶甲和锯角叶甲 3 个亚科，臀板露出鞘翅之外。鞘翅腹面多具缘折，锯角叶甲的很多种类缘折特别发达。腹部腹面可见 5 节腹节；在瘤叶甲、隐头叶甲和锯角叶甲 3 个亚科，第 2 ～ 4 腹节的中部狭缩，呈半环形。后足腿节常较前、中足的粗大或明显膨大。腹面具或不具齿。胫节一般较细长，瘤叶甲和隐肢叶甲 2 个亚科的胫节短而侧扁，跗节为假 4 节型（即实际 5 节，但第 4 节很小，嵌在第 3 节内，不易看见），其中第 3 节分为 2 叶。爪简单，或基部具附齿，或每片爪纵裂为 2 片。

肖叶甲科的代表种有甘薯叶甲和谷子鳞斑叶甲。

第二章

辛勤的劳动者——膜翅目昆虫

膜翅目

膜翅目为昆虫纲的一目。包括常见的蜜蜂、蚂蚁、胡蜂、叶蜂和寄生蜂等，世界性分布，已知10万多种，估计至少有25万种，是昆虫纲中第三大的目。生物习性复杂多样，大多数为寄生性或捕食性，是害虫的天敌和植物传粉昆虫，少数为植食性害虫，蜜蜂、蚂蚁是昆虫中社会组织最发达的类

广腰亚目叶蜂（雌）

群，与人类关系十分密切。

此目通常分为广腰亚目和细腰亚目。体微小到大型，体长0.2～40毫米。体色复杂，常伴有多种颜色，不少种类具金属光泽。头通常有1对复眼、3个单眼和1对触角。中胸盾片常具盾纵沟，小盾片两侧翼有三角片，并胸腹节表面光滑或具刻纹或脊纹或小室。翅2对，前大后小，膜质，以翅钩连锁；翅脉通常复杂，但有些类群简化，甚至仅在翅前缘呈一条翅脉（小蜂、黑卵蜂等）；有些类群的翅退化或无翅（蚁蜂、蚂蚁、榕小蜂等）。足为步行足，有的类群后足腿节（小蜂）或前足腿节（肿腿蜂）特别膨大；螯蜂雌成虫前足跗节与爪通常形成钳状。腹部10节，但细腰亚目的第1腹节与后胸合并成并胸腹节，因此细腰亚目通常见到的第1腹节实际上是第2腹节，并收缩成腹柄或退化呈鳞状或结状。产卵器锯状、刺状和针状，在胡蜂、蜜蜂等高等类群中特化为螯针；产卵器基部可有毒腺，分泌毒液，以便自卫或起麻醉寄主和防腐作用。

细腰亚目姬蜂（雌）

广腰亚目幼虫植食性，头发达，有3对胸足和6～8对腹足，无趾钩，气门9～10对；钻蛀生活的幼虫一经蜕皮腹足即消失。细腰亚目幼虫初龄形状多样，但其后均趋一致，无足，头不发达，无单眼，触角退化。老熟幼虫或吐丝作茧，或做土室，或直接在寄主体内外以及附近化蛹。

叶蜂、树蜂等原始类群幼虫营自由生活，成虫除选择寄主产卵外，对子代漠不关心。寄生类群，通常称“寄生蜂”，如姬蜂、茧蜂、小蜂、螯蜂等成虫在寄主昆虫或蜘蛛体内或体外产卵，孵化的幼虫营寄生生活，亲代对子代也和叶蜂相似。泥蜂、蛛蜂、蜾蠃等类群的亲代在产卵前先为子代构筑土室，预储猎取的食物，它们已初具母性，可以看作是社会习性的雏形。蜜蜂、胡蜂和蚂蚁等类群则具高度的社会习性，由蜂后（蚁后）、工蜂（工蚁）、雄蜂（雄蚁）及兵蚁共同组成一个蜂（蚁）群社会，它们的形态和职能各有不同。蜜蜂、胡蜂和蚂蚁有相当强的识别环境和记忆能力。蜜蜂不仅能够辨认方向和自己的巢房，而且能以特定的行为——“舞蹈语言”传递信息。

一般行两性生殖，即受精卵发育为雌性个体，未受精卵发育为雄性个体。但某些蜂类没有雄性的参与，雌性也能代代相传，称为“单性生殖”或“产雌孤雌生殖”。有的种类单性生殖和两性生殖交替出现。茧蜂、螯蜂等类群的某些种类有“多胚生殖”现象，即在寄主体内的一个卵可发育成10～3000头蜂。此目昆虫繁殖能力变幅很大，产卵量少的只有十几个至几十个，多的可达几十万个（蜂后、蚁后）。

植食性的叶蜂、树蜂和茎蜂等都是为害森林和某些农作物的有害动物。蜜蜂不仅采集花蜜酿造蜂蜜，而且为农作物、林木果树、蔬菜、牧草等传粉。蜜蜂和胡蜂的蜂毒对人虽有毒性，但可治疗风湿性关节炎。蚂蚁虽然在住房等一些地方令人讨厌，但是它们在自然界中捕食多种昆虫，人们往往利用它作为生物防治的手段。但也因蚂蚁喜食蚜虫、介壳虫、木虱等排出的蜜露，对这些害虫具有保护作用，因此不利于防治这些害虫。膜翅目中有大量的寄生类群，即寄生蜂，是害虫生物防治所依靠的重要天敌，中国幅员辽阔，寄生蜂资源十分丰富。

膜翅目化石最早出现于三叠纪，蜜蜂的出现与显花植物的繁荣同时并相互影响和促进。蚂蚁曾在白垩纪琥珀中找到，它们营社会生活大约已有 1 亿年的历史。大多数学者认为膜翅目与长翅目的关系密切，可能从同一祖先派生而来。

土蜂总科

昆虫纲膜翅目的一总科。体壁坚实，长形，前胸背板伸

达或接近翅基片，第 1、第 2 腹节间深缢，足粗短。

体长数毫米至 20 余毫米为多；多为黑色、具红黄色等斑纹。多被毛，具光泽。头略圆。复眼圆形，或内缘凹入，有单眼。上颚强壮。触角裸露，或具短或长毛；雌蜂触角弯，12 节；雄蜂触角直，13 节。前胸背板侧面似三角形。前翅第 1 盘室比亚中室短，一般前翅有 2 ～ 3 个肘室，翅脉常不达翅端；翅痣清楚或不发达；翅常暗褐色、烟色或浅黄色，并有彩虹色光泽；有的科雌蜂无翅。腹部有或无腹柄，雄蜂腹端常生有 1 个或多个刺。土蜂多寄生于甲虫幼虫和膜翅目针尾部的幼虫，独居，不成群生活。

此总科分为 5 个科：

土蜂科

世界性分布，热带尤多。是该总科中的大科，含有大型美丽的种类。通称土蜂。体长一般 9 ～ 36 毫米，大者可达 50 毫米左右。头比胸窄。复眼完全或凹入。通常两性均有翅，后翅有臀叶。暗褐色，具蓝、绿、紫等色闪光。足胫节扁平，具鬃毛。腹部

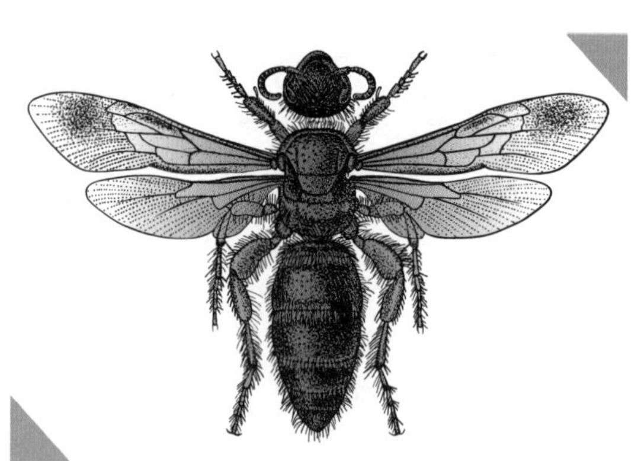

土蜂

长，第 1 ～ 2 腹节间深缢，各腹节后缘有毛，雄蜂腹部末端有 3 个刺。

土蜂常见于植物的花上，取食花蜜。多数寄生于金龟子幼虫（蛴螬），也有寄生于象甲幼虫的。成虫钻入土中，寻找寄主蛴螬，有时亦可沿蛴螬的隧道而下。一般寄主在土下十到数十厘米深处。土蜂在土下数十厘米或更深处做穴，将寄主麻痹产卵，产卵后即封闭土室。大多数土蜂将卵产在寄主幼虫腹部的腹面，孵化后幼虫将头部深埋于寄主体内，取食寄主体液。至寄主的内含物被吃光，土蜂幼虫即进入老熟阶段，在土中结茧化蛹。成虫羽化后破茧而出。在温带一般为 1 年 1 代，在热带可连续繁殖，一般以成长幼虫在茧内越冬。

土蜂可以作为金龟子类幼虫的天敌加以利用，如美国曾引进白毛长腹土蜂防治日本丽金龟。

臀钩土蜂科

世界性分布，以热带、亚热带和温带最多。中国经常发现。成虫体细小，体长数毫米至 10 余毫米。多黑色，平滑或具刻纹，被暗色或白色毛。头略圆，与胸等宽，有一细颈，复眼圆；翅

臀钩土蜂

窄，透明或烟色；翅痣短而明显；雌蜂多无翅；腹长而略细，具短柄；腹部各节之间有缢缩；第 1 ～ 2 节间缢缩深；雄蜂腹端具 1 刺。成虫取食花蜜和昆虫的蜜露。多寄生于金龟子的老龄幼虫中，也有寄生于虎甲的，少数寄生于独栖性的蜜蜂和胡蜂。可用于金龟子类的生物防治，如用日本丽金龟臀钩土蜂防治日本丽金龟效果较好。

蚁蜂科

分布于全世界，热带与亚热带分布较多，中国南方常见。小型至大型，体长 3 ～ 30 毫米。一般被绒毛，毛色鲜艳，具红、白、黑、金黄等色斑纹。雄蜂通常有翅（偶有无翅），雌蜂无翅，外形似蚁，故名“蚁蜂”。胸部各节紧相愈合，翅具翅痣，后翅无臀叶。腹部有或无柄，1 ～ 2 或 2 ～ 3 腹节之间深缢；雄蜂腹端有 1 个或多个刺。多数外寄生于蜜蜂、胡蜂、泥蜂的幼虫和蛹，少数种寄生于蚂蚁、鞘翅目和双翅目昆虫。

寡毛土蜂科

小科，分布广，体长 10 毫米左右。体色黑或暗，具白色和黄色的斑带。复眼内缘深凹。雌雄蜂的翅脉均发达，后翅有突出的臀叶。腹部无柄，雌蜂具螫针，雄蜂第 1 ～ 2 腹节间深缢，腹端无刺。据称寄生或寄食在蜜蜂总科和泥蜂总科等的巢中。

毛角土蜂科

产于南美洲及非洲南部，种类少，研究也少。

小蜂总科

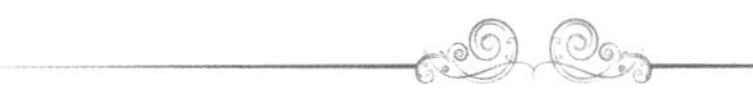

昆虫纲膜翅目的一总科。体小型，长 1 ～ 5 毫米，最小的个体可能仅 0.1 毫米左右；触角膝状（蚁小蜂科例外）；前翅翅脉退化，只具主脉 1 根，末端具 1 分枝为痣脉，在某些科属可进一步退化；前胸背板与中胸翅基片间被胸腹侧片所分隔；第 2 腹节成腹柄，产卵管自腹部末端前方腹面伸出。全变态，少数为过变态。

从植食性到寄生性均有，完全植食性的如榕小蜂科大部分种类，植食性种类及寄生性种类兼而有之，如广肩小蜂科、长尾小蜂科以及金小蜂科部分种类，其他绝大多数均为寄生性，寄生的阶段从寄主卵到蛹期均有，寄主范围也很广泛，除昆虫外，蜘蛛纲的某些种类也是小蜂的寄主，例如蛛形纲的卵是啮小蜂属的猎物之一，而蜱则是跳小蜂科小猎蜂及嗜蜱蜂两属的寄主。分布极为广泛。

多数小蜂是害虫的天敌；少数则为益虫的敌害；还有一些以植物为食，为害林木、牧草及药材种子；榕小蜂则是传粉昆虫。小蜂在害虫防治中是天敌因子中的重要组成部分，例如苹果绵蚜蚜小蜂、多种赤眼蜂、红铃虫金小蜂、荔蝽卵平腹小蜂等已是国内行之有效的几种天敌小蜂，另外螟卵啮小蜂为三化螟的有效天敌，长距旋小蜂属为稻瘿蚊的重要寄生蜂，黄蚜小蜂属为某些种类盾蚧的有效天敌。

小蜂总科中常见的主要有下面各类群：

榕小蜂科

这些昆虫很小，体长多在 0.15 ～ 3.0 毫米，雌雄异型。雌蜂多为黑色，具光泽，与雄蜂交尾后爬出花序口，寻找产卵的榕树瘿花而进入新的花序，并完成对榕树的授粉作用。雄蜂无翅，多为黄褐色，终生在花序腔内。雌蜂前足胫节短，前翅的痣翅与翅缘几乎成直角，产卵器鞘较长，为榕属植物的传粉昆

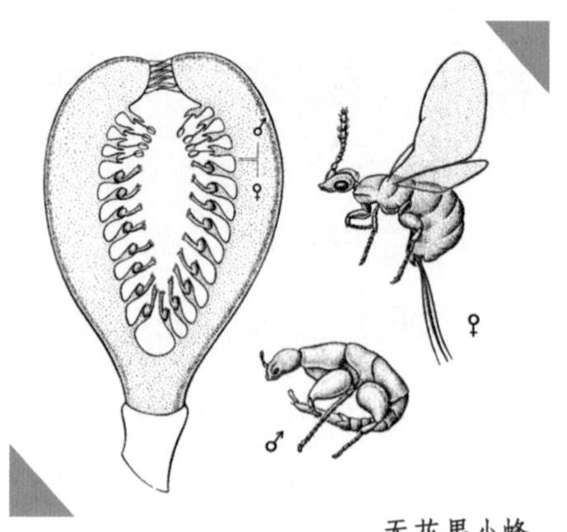

无花果小蜂

虫，例如无花果小蜂。

广肩小蜂科

体多为黑色无金属光泽，体长4～5毫米，雌雄同型或异型。前胸横宽呈矩形，与中胸约相等，胸常具粗大刻点；头正面观宽，触角着生于颜面中部，中胸盾纵沟明显且完整，雄虫触角鞭节具轮状毛，腹柄细长，柄后腹短且侧扁，第1、2腹节常覆盖其余各腹节。植食性或寄生性，例如刺蛾广肩小蜂、天蛾广肩小蜂都是寄生害虫的有益寄生蜂；而刺槐种子小蜂、木撩种子小蜂等则是为害种子的害虫。

广肩小蜂

长尾小蜂科

体常绿色有金属光泽或呈褐黄色，一般较长，不包括产卵器长1.1～7.5毫米，产卵器至少与腹长的一半相

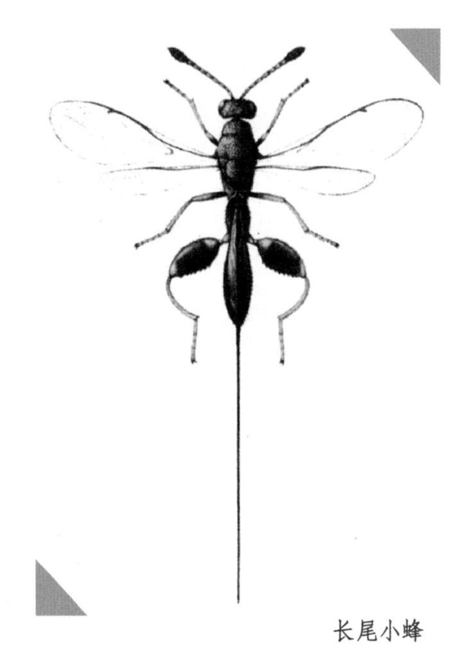

长尾小蜂

等或更长，若包括产卵器则可达16毫米。腿节膨大腹面具齿，但胫节不弯曲。以植物（种子或作虫瘿）为食，有的种类以蛾、蝇蛹及某些蜂类为寄主营寄生生活，如栗瘿长尾小蜂和螳小蜂。

大腿小蜂科

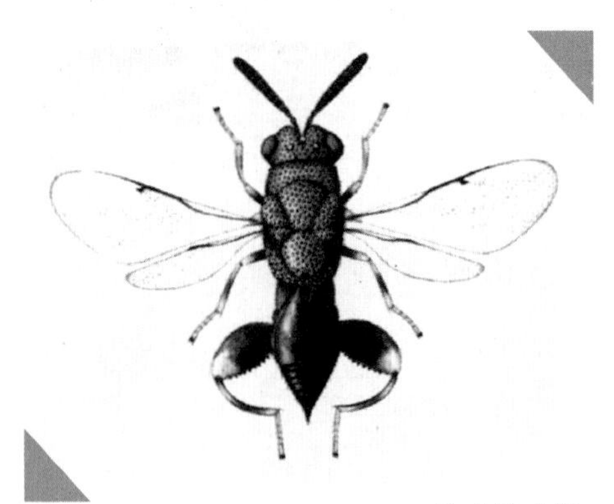

广大腿小蜂

体较大，多臃肿，长5毫米左右。触角13节，颊后缘具脊；后足腿节特别膨大，其下缘常具一排齿状突，胫节常弯曲，收缩时适于与腿节下缘相抱合；体表常具脐状刻点；腹柄有时明显，柄后腹圆至锥形，产卵管不突出。大腿小蜂是膜翅目小蜂总科中比较容易鉴别的类群。大腿小蜂所有种类均为寄生性，大部分为初寄生，也有少数为次寄生。主要寄生于各种昆虫的蛹，有时在一头蛾蛹中可同时出来50只小蜂。其寄主记录有双翅目、鞘翅目、鳞翅目、脉翅目及膜翅目，如广大腿小蜂。

褶翅小蜂科

体黄黑色，体中或大型，长3～14毫米；形态特殊，翅纵褶很像胡蜂。与大腿小蜂也有相似之处，如后足腿节膨大具齿。产卵器鞘长并向背面翻转，沿腹背中央前伸。褶翅小蜂以散居的胡蜂、蜜蜂幼虫为寄主，在寄主巢穴营寄生生活，其成虫则常见于伞形科的花上。

蚁小蜂科

体多为黑色无金属光泽，体长 2 ～ 5 毫米；触角节数变化较大，少则 11 节，多则可至 26 节，但通常为 11 ～ 14 节，雄性触角节有时具分枝，呈羽状。胸部显著隆起，前胸由背面观察不到，小盾片末端延长具齿或左右分枝，腹柄长，腹常侧扁，第 1 腹节几乎覆盖其余腹节。以蚁为寄主，例如乌苏里蚁小蜂。

巨胸小蜂科

体多具金属光泽，少数种类呈黄色；体长 1.3 ～ 5.5 毫米，头大，正面观横形；胸部向背面膨大，背面观前胸清晰可见，中胸盾纵沟完整，小盾片膨起，后端延伸呈剪缺状或具不明显的小齿；第 1、2 腹节背板长，

巨胸小蜂

遮盖其余腹节，产卵器不突出，前翅具不发达的痣脉及后缘脉。多重寄生鳞翅目的种类，其初寄主为膜翅目及双翅目。多分布于热带，古北区以巨胸小蜂属常见，例如翠绿巨胸小蜂、墨玉巨胸小蜂。

金小蜂科

虫体紧凑常具金属光泽，中等大小，长 3 ～ 5 毫米；触角 8 ～ 13 节；翅痣有不同的变化，不膨大或明显膨大；跗节一般 5 节。

除极少数植食外，绝大多数均为寄生性，对许多鳞翅目、鞘翅目、膜翅目及双翅目害虫均有抑制作用，例如寄生凤蝶蛹的凤蝶金小蜂、寄生松毛虫的楔缘金小蜂、寄生蝇蛹的俑小蜂及寄生蚧虫的蚧金小蜂等都是重要的营寄生生活的属、种。

金小蜂科是膜翅目小蜂总科中最大的一个科，种类最多，包括 33 亚科 638 属约 4200 种。中国记录有 400 余种。已有证据支持金小蜂科为多系群，但其某些亚科可能为单系。因此，不同的数据可能支持金小蜂科与多个其他小蜂科近缘，其在小蜂总科中的系统位置尚无定论，仍需后续更多讨论与研究。

姬小蜂科

体色绿色、黄色或黑绿色具（或不具）金属光泽，体长 2 毫米左右；跗节 4 节，触角最多为 10 节，触角索节不超过

4节，常着生于颜面下部；前翅亚缘脉与缘前脉间有（或无）折断痕。以昆虫纲若干目、科昆虫的卵、幼虫、蛹为寄主，少数捕食蜘蛛卵或其他虫卵。例如三化螟卵啮小蜂、夜蛾姬小蜂及小蛾姬小蜂。

姬小蜂

跳小蜂科

体长通常1～2毫米，少则0.2毫米左右，大则可至4毫米左右；触角多为11节，通常无环状节；中胸盾片横形，一般无盾纵沟，如果有也比较浅；两个三角片的内角接触或非常接近；中胸侧板膨大，占据胸部侧面的一半以上；侧面观，中足从中胸侧板中部的下方伸出；尾须板前移，一般不着生于腹端部；前翅有透明的无毛带。跳小蜂科包括2亚科496属约5000种，中国已记录近500种。跳小蜂的寄主广泛，包括昆虫纲许多目、科及蛛形纲的蜱类。

跳小蜂

大多数跳小蜂是农林害虫的天敌，例如，刷盾短缘跳小蜂、红蜡蚧扁角跳小蜂、粉蚧短角跳小蜂及双带巨角跳小蜂等都是介壳虫的重要天敌。以鳞翅目幼虫为寄主的一些类群（如多胚跳小蜂）非常有趣，它们能行多胚生殖，由一个卵可分裂产生2000多只个体。

旋小蜂科

又称平腹小蜂科。体长2～4毫米，雌雄异型；中胸侧板完整，形态与跳小蜂近似，但中胸背板的盾纵沟完整或凹陷呈浅槽状，并具特殊的金属光泽刻纹，中足跗节腹面两侧具成排的紫黑色刺状突；雄虫中胸膨起，盾纵沟及侧板沟均明显，触角棒节长而不分节。本科的平腹小蜂属专寄生卵，旋小蜂属则以鞘翅目及膜翅目的幼虫、蛹，鳞翅目的茧及双翅目的蛹为寄主。中国荔蝽卵平腹小蜂在福建、广东等省已成功地用于防治荔枝蝽。

旋小蜂

蚜小蜂科

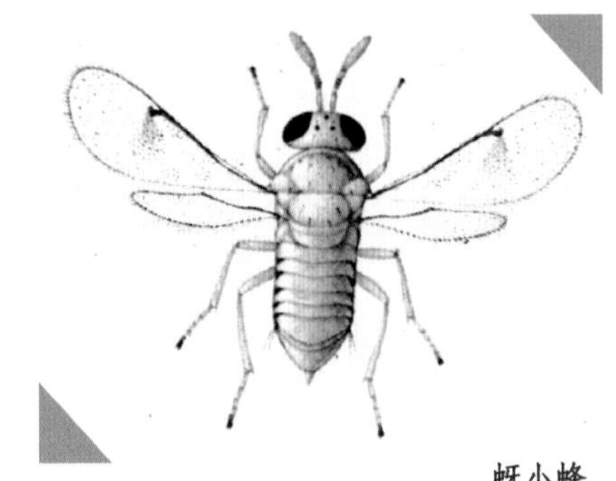
蚜小蜂

体多黄、褐色，少数黑色，体表无金属光泽；体长约1毫米，微小的仅0.2毫米，多扁平；触角5～8节，胸部三角片向前明显突出并超过翅基连线，前翅缘脉长，亚缘脉及痣脉短，后缘脉不发达；中足胫节端距长，跗节4～5节。以介壳虫、粉虱及蚜虫为寄主，少数寄生直翅目种类的卵，瘿蚊科等也有寄生。本科昆虫在生物防治中很重要，如岭南黄蚜小蜂为柑橘红圆蚧的重要天敌，苹果绵蚜蚜小蜂为苹果绵蚜的有效天敌，梨圆蚧蚜小蜂为梨圆蚧的有效天敌，盾蚧长缨蚜小蜂为多种盾蚧的有效寄生蜂，粉虱丽蚜小蜂为温室粉虱的有效天敌。

扁股小蜂科

体色多呈铁青色间或黄色，体长2～3毫米；雌虫体侧扁；胸部三角片前伸超过翅基连线，前翅长，呈倒楔状，缘脉有时很长，痣脉短；后足基节明显膨大呈盘状，腿节适当膨大，胫节外侧具黑色刚毛所组成菱状花纹，或其前后缘各具一排刚毛组成的平行刚毛列。以介壳虫、蝇蛹、小鳞翅目蛹为寄主，以扁股小蜂属为常见，例如三化螟扁股小蜂、松毛虫扁股小蜂等。目前部分小蜂分类学者已经将此类群划入姬小蜂科。

赤眼蜂科

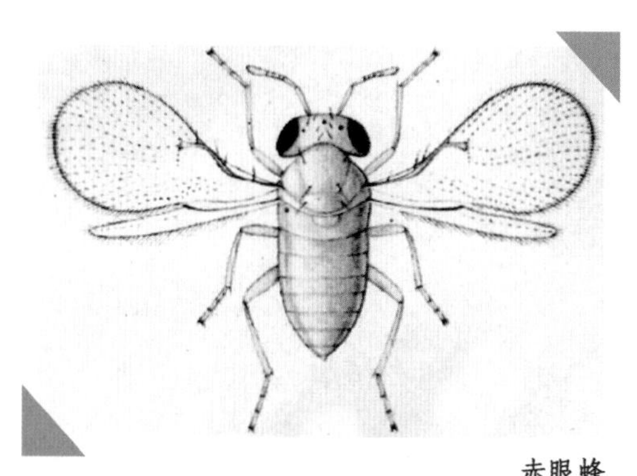

赤眼蜂

体色由鲜明的黄色至黑色，体长 0.2 ～ 1.5 毫米（除产卵器外）；触角短，棒节不分节，跗节 3 节，与其他小蜂不同；前翅宽大，缘毛短而密，翅面上具明显的毛列，缘脉及痣脉呈弯弓状，后缘脉无；腹宽，末端钝圆，产卵器几不突出；雄蜂往往无翅或同种异型，无翅型的触角几与雌同，而有翅型的索节只 1 节，棒节不分节。本类以其他昆虫的卵为寄主，其中包括许多大害虫，因此颇为国内外生物防治工作者所重视，已大量利用并收到很好的效果。例如松毛虫赤眼蜂、稻螟赤眼蜂及广赤眼蜂。

缨小蜂科

此类小蜂与赤眼蜂相似，都寄生于寄主昆虫的卵中。体黄、褐或黑色，瘦而匀称，体长通常为 0.5 ～ 1.5 毫米；触角

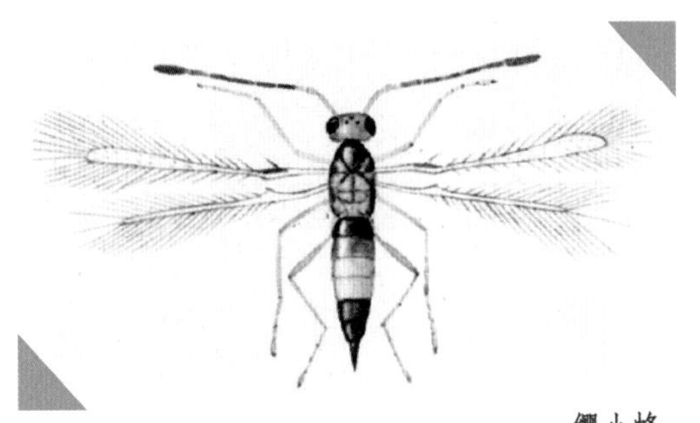
缨小蜂

细长，棒节膨大（分节或不分节），雄虫触角线状；前胸背板短，背面观不显著；并胸腹节长，翅窄而长，缘毛长；前翅基部有时呈柄状，翅脉短，痣脉及后缘脉不清楚，后翅常呈细棒状；腹具长柄，产卵器自腹末前方腹面伸出，跗节 4 ～ 5 节，5 节者隶属于五节缨小蜂亚科或称柄翅小蜂亚科，4 节者属四节缨小蜂亚科或称缨小蜂亚科。寄主除其他昆虫卵外，介壳虫及粉虱据报道也有寄生。已知 103 属约 1500 种，若干种具有重要经济意义，例如叶蝉柄翅小蜂、负泥虫缨小蜂、稻虱缨小蜂等。

针叶树叶蜂

昆虫纲膜翅目扁叶蜂科、松叶蜂科和叶蜂科昆虫的总称。

松科、柏科树种针叶的害虫。

针叶树叶蜂的主要种类有：①黄缘阿扁叶蜂。属扁叶蜂科，雌虫体长 12 ～ 16 毫米，雄虫体长 10 ～ 12 毫米。分布于中国福建、江西、湖南、广西、贵州、台湾等。为害马尾松、云南松、华山松、台湾亚针松等。②松阿扁叶蜂。属扁叶蜂科，雌虫体长 12 ～ 15 毫米，雄虫体长 10 ～ 11 毫米。分布于中国黑龙江、河南、山东、山西以及中欧、北欧一带和意大利、法国、英国、俄罗斯、蒙古国、朝鲜。为害油松。1 年发生 1 代。③落叶松腮扁叶蜂。属扁叶蜂科，雌虫体长 10～12 毫米，雄虫体长 8～9 毫米。分布于中国山西、河北、吉林，以及中欧一带和俄罗斯、朝鲜半岛等。为害华北落叶松。④鞭角华扁叶蜂。属扁叶蜂科，雌虫体长 11 ～ 14 毫米，

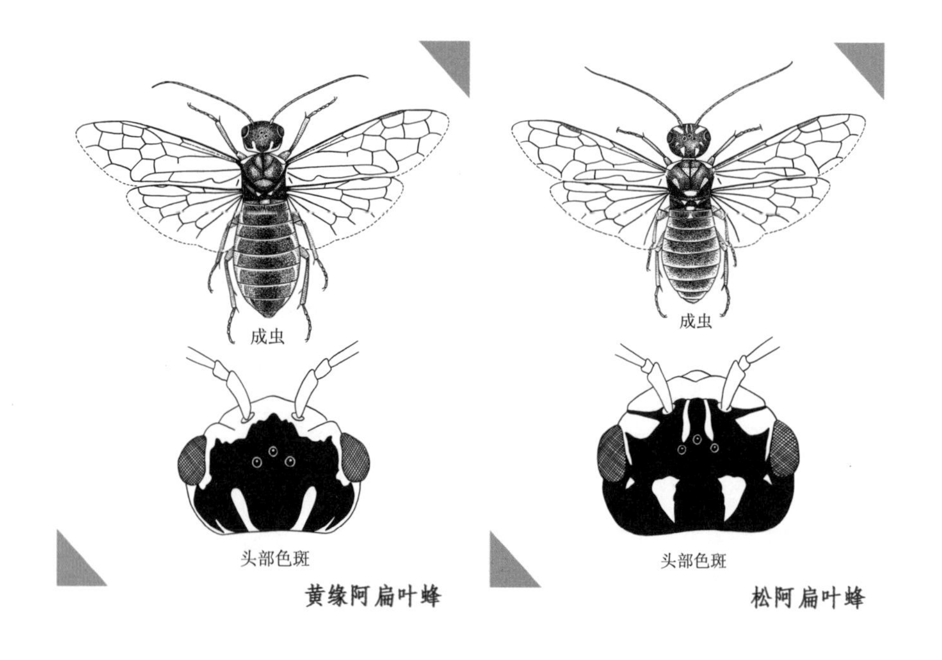

黄缘阿扁叶蜂　　松阿扁叶蜂

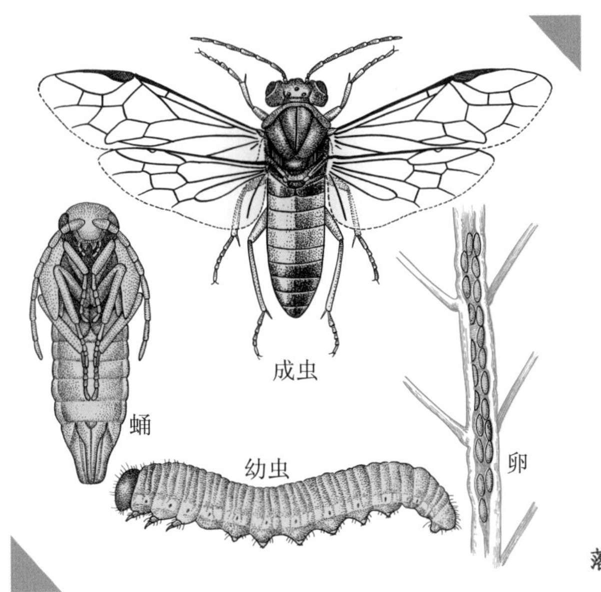

落叶松红腹叶蜂

体红褐色，雄虫体长 9 ～ 11 毫米。分布于中国福建、浙江、湖北、四川。为害柏木、柳杉。1 年发生 1 代。⑤浙江黑松叶蜂。属松叶蜂科，雌虫体长 6.5 ～ 7.8 毫米，体黑色，雄虫体长 5.8 ～ 7.5 毫米。分布于中国浙江、安徽、广西、广东、湖南、湖北、江西、福建、云南、四川。为害马尾松、火炬松、湿地松、黑松。⑥落叶松红腹叶蜂。属叶蜂科，雌虫体长 8.5 ～ 10 毫米，体黑色。广泛分布于北美洲、欧洲、亚洲北部，在中国分布于山西、内蒙古、河北、北京、辽宁、陕西、甘肃、黑龙江、宁夏。为害华北落叶松。1 年发生 1 代，卵单产，孤雌生殖。

姬蜂科

昆虫纲膜翅目姬蜂总科的一科。为寄生性蜂类，是一类重要的天敌昆虫。全世界分布，已知约 1.5 万种，估计实际种数可达 6 万余种，中国已知千余种。

体长 2～35 毫米（不包括产卵管），以 10～20 毫米为多。触角细长，丝状。翅发达，偶有无翅和短翅；前翅具翅痣，前缘脉和亚前缘脉愈合，肘脉第 1 段消失，有第 2 回脉。腹部通常细长，腹面通常膜质，基部缩缢而成柄状或略呈柄状，腹部第 2、3 背板不愈合。产卵管自腹部腹面末端之前伸出，长短不等，少数寄生蛀木天牛或树蜂的种类可超过 50 毫米。

全部种类为寄生性。成虫营自由生活，飞翔或爬行中寻找寄主产卵，幼虫在寄主体内外取食。寄主主要是鳞翅目、鞘翅目、双翅目、膜翅目、脉翅目、毛翅目等全变态昆虫的幼虫和蛹，少数是蜘蛛的成蛛、幼蛛或卵囊，还有一种寄生

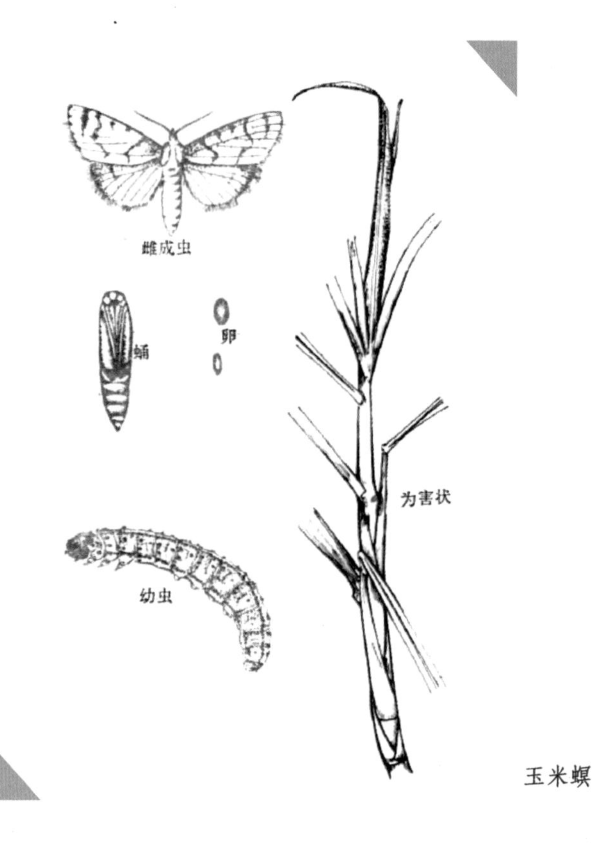

玉米螟

于伪蝎的卵囊。绝大多数种类寄生于许多农林害虫，是一类重要的益虫。但少数种类因寄生于其他寄生蜂等而成为重寄生蜂，或寄生于草蛉、食蚜蝇、蜘蛛等有益生物而带来害处。

中国最常见的种类有：广黑点瘤姬蜂（寄生于稻纵卷叶螟、二化螟、棉红铃虫、玉米螟、松毛虫等）、舞毒蛾黑瘤姬蜂（寄生于松毛虫、舞毒蛾、柑橘凤蝶、菜粉蝶等）、螟蛉悬茧姬蜂（寄生于稻纵卷叶螟、黏虫、稻苞虫、棉铃虫等）、食蚜蝇姬蜂（寄生于多种食蚜蝇蛹）、地蚕大铗姬蜂（寄生于多种地老虎和甘蓝夜蛾）等。

茧蜂科

昆虫纲膜翅目姬蜂总科的一科。统称茧蜂，为寄生性蜂类，是一类重要的天敌昆虫。全世界分布，已知约 1 万种，估计实际种数达 4 万种，中国已知约千种。

茧蜂成虫形态与姬蜂极相近，其区别在于：小至中型，体长 2 ～ 12 毫米居多，少数雌蜂产卵管长度与体长相等或者数倍于体长。前翅无第 2 回脉，肘脉第 1 段常完整，也有少类群翅脉相当退化。腹部较短，腹部第 2 ～ 3 背板愈合。

全部种类为寄生性，寄生于鳞翅目、双翅目、鞘翅目、膜翅目和脉翅目等全变态昆虫和同翅目、半翅目和啮虫目等不全变态昆虫。绝大多数寄生于许多重要的害虫，但也有少数种类寄生于益虫，如瓢虫茧蜂等。一般寄生于寄主的幼虫期，也有寄生于蛹和成虫的，还有跨期寄生于卵至幼虫、卵至蛹和幼虫至蛹。内寄生和外寄生，蜂幼虫成长之后往往钻出寄主结茧化蛹。

中国常见的有：麦蛾茧蜂（寄生于米蛾、印度谷斑螟、烟草粉斑螟等仓库和家庭害虫幼虫体外）、红铃虫甲腹茧蜂（寄生于红铃虫、金刚钻等的卵至幼虫期）、螟蛉绒茧蜂（寄生于黏虫、二化螟、三化螟、稻纵卷叶螟、稻苞虫、稻眼蝶、棉铃虫、斜纹夜蛾等害虫的幼虫）、玉米螟长距茧蜂（寄生于玉米螟等幼虫）、斑痣悬茧蜂（寄生于棉铃虫、桑螟、桑剑纹夜蛾、甜菜夜蛾、斜纹夜蛾、烟夜蛾、黏虫等害虫的幼虫，其茧如小麦粒，有丝悬挂）、麦蚜茧蜂（寄生于麦长管蚜、橘二叉蚜、桃蚜等）。

麦芽茧蜂雌蜂

茎蜂科

昆虫纲膜翅目的一科。体较狭长，体长 4 ～ 20 毫米，

梨茎蜂

呈圆筒形，或体侧较扁。触角长，丝状或略带棒形，具许多环节。

前胸背板后缘较平直。腹部第一节稍收缩。产卵管突出，从上面可清楚看到。幼虫钻蛀禾本科或蔷薇科植物或其他乔木的茎。1 年发生 1 代，休眠期处于寄主植物内茧中。幼虫白色，无腹足，胸足仅余痕迹，不分节，无附节爪。仅分布于北半球。中国主要种有梨茎蜂，为害梨树；麦茎蜂，常为害小麦。

梨茎蜂

茎蜂科的一种。又称梨茎锯蜂，俗称折梢虫。果树害虫。广泛分布于中国各梨产区和朝鲜、韩国。寄主植物除梨外，尚有棠梨和沙果等。成虫体长约 10 毫米，翅展 14～16 毫米，体黑色有光泽。1 年发生 1 代，以老熟幼虫和蛹在被害梢内越冬。4～5 月在新梢上产卵为害。成虫取食花蜜、露水等为补充营养，上午 10 时后气温较高时，飞翔交尾。雌虫产卵时在嫩梢上伸出产卵器锯断新梢，并在断面下方产卵一粒于组织内，随将断口下方两三个叶柄锯断，产卵孔不久即成黑色小点。卵经七天孵化，幼虫在新梢髓部内向下方蛀食。5～6 月为幼虫为害盛期，幼虫粪便堆积在身体后方，不排出，6月间即蛀食到二年生枝处。不同品种受害程度有差异，凡抽梢期与成虫出现高峰相吻合的品种受害都重。幼虫天敌有白僵菌和寄生蜂等。梨树被害新梢很易发现，防治时应结合冬季修剪，除去被害枝以减少虫源。成虫盛发期可用虫网捕杀，或喷洒敌百虫、敌敌畏等农药。

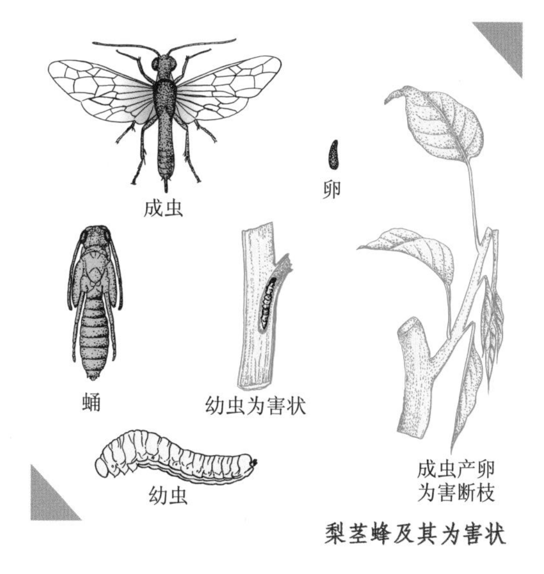

梨茎蜂及其为害状

泥蜂

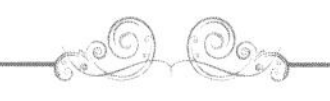

昆虫纲膜翅目泥蜂总科昆虫的统称。体壁坚实，裸露少

毛；前胸背板不伸到翅基片，腹部常具柄的蜂类。世界性分布，热带和亚热带地区种类和数量均多，已知近万种。

成虫体小型至大型，体长2～50毫米。体色暗，具红色或黄色斑纹。口器咀嚼式。前翅一般具3个亚缘室，少数1～2个。上颚发达；并胸腹节非常发达。足细长，胫节和跗节具刺，以适应捕猎。腹部具柄；雌性腹部末端螫刺发达。一些种类的头或体上由浓密的银色毛组成斑。幼虫无足，有些在胸部和腹部侧面具有小突起。完全变态。

泥蜂大多数为捕猎性，少数为寄生性。其捕猎性及筑巢本能复杂。成虫捕猎节肢动物，包括昆虫、蜘蛛、蝎子等。其捕猎范围因属、种而异。成虫捕到猎物后，用螫针将其麻痹，然后将猎物携回巢内封储，供子代幼虫食用。

泥蜂大多数在土中筑巢，某些用唾液与泥土混合成水泥状坚硬的巢，有些在地上的自然洞穴内或利用其他昆虫的旧巢；少数在树枝内或竹筒内筑巢。土中筑巢的泥蜂巢的结构、巢室的数量、入口处的形状因不同的属或种而异。

泥蜂筑巢后，于巢室内产卵。大多数泥蜂将猎物放于巢室内，封闭巢室，幼虫孵出后取食猎物，直至老熟化蛹；少数种类幼虫孵出后由雌蜂用猎物饲育，而且经常更新猎物。

泥蜂社会性发展较弱，大多数为独栖性，少数种类类似共同生活，即若干雌蜂共用一个巢口及通道，每个雌蜂再单独构筑自己的巢室。

泥蜂为重要的益虫，可捕猎各种害虫，并为植物传播花粉。但有少数种类是害虫，如大头泥蜂属捕猎家养蜜蜂的工蜂以饲育幼虫。

树蜂科

昆虫纲膜翅目的一科。体中至大型，呈圆筒形。体壁坚实，前胸背板后缘深凹，腹端有明显角状突起。产卵管突出。触角鬃状，17～30节，第1节长而弯曲，至少与第3节等长。颈短。前胸背板中间短，后缘高度凹入腹部圆筒形，第1节基部收缩，中间分开；末节有一角状突

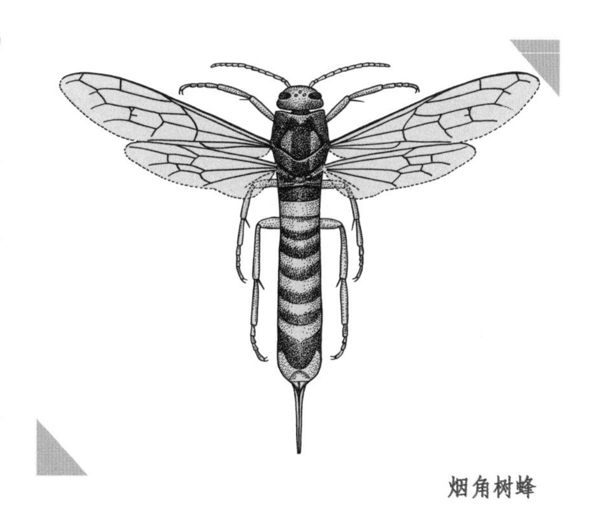

烟角树蜂

起（角突）。

幼虫白色，胸足仅余痕迹。幼虫在木质部营钻蛀生活。成虫在5～9月出现，但大多出现于7～9月。一般在晴天飞翔。雌虫数量常多于雄虫。雄虫常去树顶或高地，以待交尾。大多分布于全北界和东洋界。中国最常见的种有为害针叶树的蓝黑树蜂和大树蜂，为害阔叶树的烟角树蜂。

叶蜂

昆虫纲膜翅目叶蜂科昆虫的统称。

体小至大型，呈筒形。触角7～15节，刚毛状、丝状或稍带棒状，仅枝叶蜂属的雄虫触角为栉齿状。产卵器不突出。雌雄个体比例变化甚大，只有少数种类雌雄个体的数目差不多，有许多种类找不到雄虫。孤雌生殖普遍，有些种的未受精卵产雄，有些产雌，有些则产雌和雄。通常在嫩茎或叶上产卵。幼虫一般营自由生活，有腹足6～8对，但也有生活在叶片、瘿、茎或果实中的。幼虫通常在寄主体表自由取食，少数类群在寄主内部取食。中国主要有油茶叶蜂，为害油茶，分布于江西、湖南等；白蜡叶蜂，为害白蜡树叶，分布于四川；樟叶蜂，为害樟树，分布于广东、福建、浙江、江西、湖南、广西、四川；杨黑点叶蜂，为害杨柳，分布于新疆（伊宁）；落叶松红腹叶蜂，为害落叶松，分布于山西、内蒙古、黑龙江；橄榄绿叶蜂，分布于西藏、四川；小麦叶蜂，为害小麦，分布于华北。

落叶松红腹叶蜂

第三章

蚕食他人的害虫——半翅目昆虫

半翅目

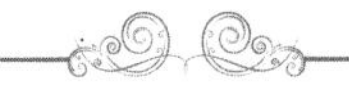

半翅目为昆虫纲的一目。刺吸式口器，前翅前半多骨化成半鞘翅的昆虫。此目昆虫通称为“蝽类”。该类昆虫分布广泛，全世界各大动物地理区均有分布。身体由小型至大型不等，体形、体色均多样。形态特点为：头部骨片愈合紧密；触角 4 ～ 5 节；唇基发达；下唇成分节的长管状，下颚与下唇形成细硬的针状构造。前胸背板及中胸小盾片发达，中胸背板其他部分及后胸背板为前胸背板及翅所遮盖。前翅在多数情况下基部一半骨化，端部一半膜质，称半鞘翅。后翅膜质。静止时前后翅平覆身体背面，前翅遮盖后翅。跗节 2 ～ 3

节。雄虫第9腹节特化，外生殖器包藏其中。雌虫产卵器针状或片状。具臭腺；成虫的臭腺开口于后胸侧板内侧，若虫的臭腺开口于腹部背面。臭腺分泌物常有臭味，并具一定的刺激性，有驱避敌害的作用。

该类群属不完全变态。生活史中无蛹期。卵产于物体表面或插入植物组织等基质中，卵的前端可有卵盖及一些与受精、呼吸有关的突起状构造。若虫期一般经历5龄，第3龄开始出现翅芽；体形多与成虫大体近似，但体色有很大不同；若虫触角及跗节节数均较成虫为少。按栖息场所可分为陆生、半水生和水生3种类型。陆生生活的种类最多；半水生生活的类群生活于水面，借水的表面张力而不致下沉；水生生活者则生活于水下，形态构造上有一系列适应水生生活的变化，如流线型的体形、足变形成桨状、具有呼吸管及储存空气的装置等。大部分种类为植食性，吸食植物的各个部分，随种类而异，其中繁殖器官如花（子房）、果、种子常最具吸引力，常对这些植物造成一定的危害，部分种类危害严重，已知一些种类是传播植物病毒病的媒介。部分类群取食动物性食物，食料以小形软体的昆虫及其他无脊椎动物为主，亦有吸食高等动物（包括人类）血液者。这些类群中，不少是害虫的天敌，少数种类因携带人畜病原，在医学上有重要意义。另外，除少数种类外，一般不排出蜜露。

蝉科

昆虫纲半翅目的一科。因雄虫发音响亮，俗称知了。全世界约有3200种，中国有200余种。

体粗壮中大型，以雄性能发出响亮的鸣声著称；头部有3个单眼，呈三角形排列；触角短小，鬃状；前胸短阔，领状；中胸背板特别发达，后方呈X形隆起；翅膜质，脉纹粗；若虫在地下生活，前足是发达的开掘足；腹部具有腹瓣，雄虫腹部第1节两侧有发音器。

蚱蝉

具有典型的刺吸式口

器，取食植物的枝干和根部汁液，引起树叶枯萎、落花、落果、枯枝等，其中一些种类还可通过传播植物病毒病造成更为严重的危害，许多种类都为农林业生产的重要害虫。

不完全变态；卵产在植物组织内；孵化后若虫钻入土中生活，为害植物根部。若虫的蜕皮可入中药，称“蝉蜕”。成虫生活在植物上，刺吸汁液，为害嫩枝。中国北方常见种类有蚱蝉、蛁蟟、蟪蛄等，南方常见种类有红蝉（红娘子）等。

飞虱科

昆虫纲半翅目的一科。头喙亚目小型善跳的昆虫，后胫末端具大距。有害种类多属于片距飞虱亚科的飞虱族。全世界有370余属2100余种，中国有160余属370余种。全部植食性，很多种生活于禾本科植物，成为农业的重要害虫，如褐飞虱、灰飞虱、白背飞虱等。有一些种还传播植物病毒病，如稻黑条矮缩病、小麦丛矮病、玉米粗缩病等。

体小型，长多在 3 ～ 5 毫米。触角生于复眼下方的凹陷内，粗大的第 2 节上具有感觉孔。中胸生有翅基片。前翅两条臀脉在基部合并成“丫”形。后足胫节末端有一能活动的大距。

卵香蕉形，数粒至 20 粒排成 1 条或 2 条，成块状产于植物组织中。若虫与成虫外形相似，颜面中域额区有 2 条中纵脊，与绝大多数仅有一脊或一分叉脊的成虫不同。若虫期共有 5 龄。成虫羽化后经 3 ～ 5 天开始产卵，每一雌虫一生可产卵 300 ～ 500 粒。一般完成一代的时间较短：卵期 1 ～ 2 周，若虫期 2 ～ 3 周，成虫期 2 ～ 4 周。1 年发生 3 ～ 4 代以至 10 代以上。

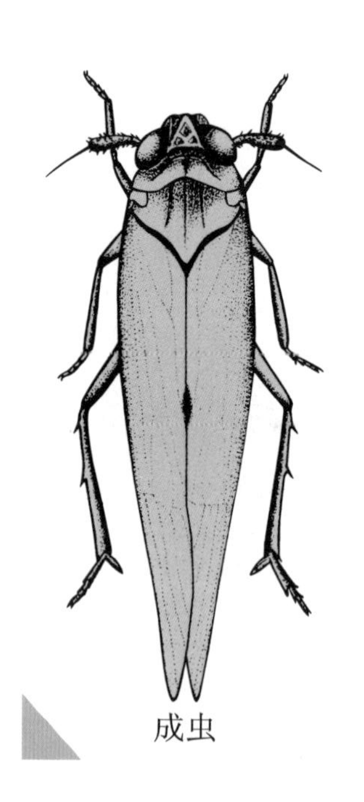
成虫

后足端部

飞虱

大多以卵或若虫越冬。越冬卵产在寄主组织里。若虫则蛰伏于冬季寄主或杂草中，天气转暖便孵化或活动取食。已知有些种（如褐飞虱、白背飞虱等）只能在南方越冬，每年至植物生长季节，由南方向北方飞迁，侵入农田为害。成虫和若虫都刺吸植物汁液。取食禾本科植物的种类多在植株茎秆上刺吸，影响植物的生长，严重时可使叶片发黄，甚至整株干枯和倒伏。成虫和若虫都善走能跳。成虫还可以飞迁，大多有趋光性。

飞虱的一些种类在适宜的环境中，会产生翅比腹部短的短翅型成虫。短翅型飞虱比翅超过腹末的长翅型飞虱生长发育快，繁殖力强。短翅型的出现意味着将发生飞虱之害，这在农业生产中必须注意。

稻飞虱

飞虱科的一类害虫。以刺吸植株汁液为害水稻等作物。常见种类有褐飞虱、白背飞虱和灰飞虱。

稻飞虱的共同特征是：体小型，触角短锥状。翅透明，常有长翅型和短翅型个体。①褐飞虱。长翅型成虫体长3.6～4.8毫米，短翅型2.5～4毫米。体色暗褐或淡褐，头部及前胸背板暗褐色，有3条隆起线。②白背飞虱。长翅型成虫体长3.8～4.5毫米，短翅型2.5～3.5毫米。头顶稍突出，前胸板黄白色，中胸板中央黄白色，两侧黑褐色。③灰飞虱。长翅型成虫体长3.5～4.0毫米，短翅型2.3～2.5毫米。头顶与前胸背板黄色，中胸背板雄虫黑色，雌虫中部淡黄色，两侧黑褐色。

褐飞虱在中国北方各稻区均有分布，长江流域以南各省、

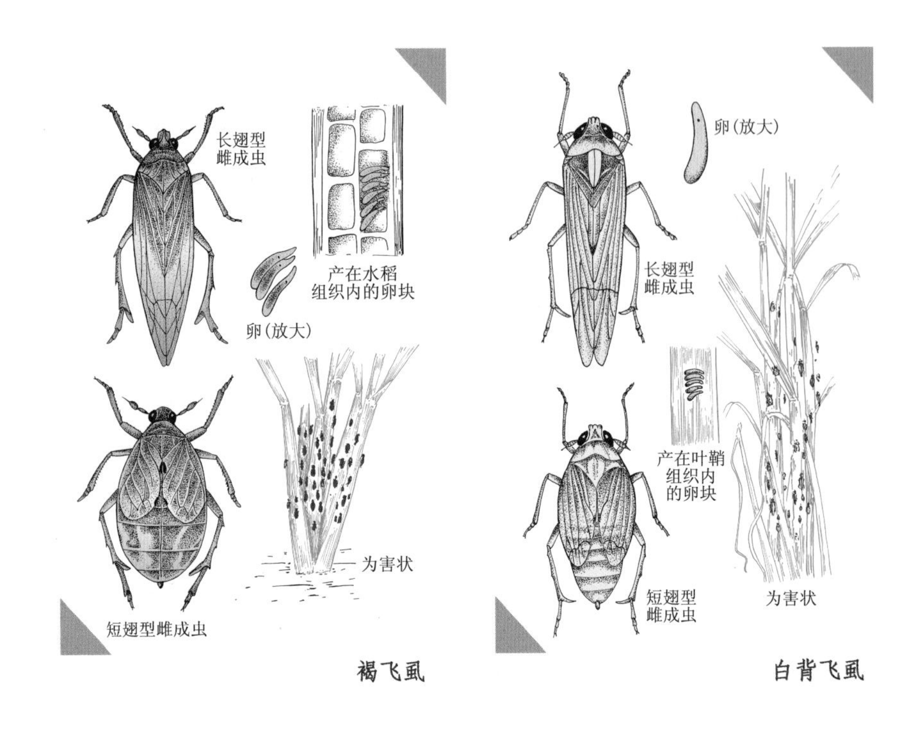

褐飞虱　　**白背飞虱**

自治区发生较烈。白背飞虱分布范围大体相同，以长江流域发生较多。这两种飞虱还分布于日本、朝鲜半岛、南亚次大陆和东南亚。灰飞虱以华北、华东和华中稻区发生较多，也见于日本、朝鲜半岛。三种稻飞虱都喜在水稻上取食、繁殖。褐飞虱能在野生稻上发生，多认为是专食性害虫。白背飞虱和灰飞虱则除水稻外，还取食小麦、高粱、玉米等其他作物。

稻飞虱的越冬虫态和越冬区域因种类而异。褐飞虱在广西和广东南部至福建龙溪以南地区，各虫态皆可越冬，越冬的北线在北纬23°～26°，长江以南各省年发生4～11代。白背飞虱在广西至福建德化以南地区以卵在自生苗和游草上越冬，越冬北限在北纬26°左右，每年发生3～8代。灰飞虱在华北以若虫在杂草丛、稻桩或落叶下越冬，在浙江以若虫在麦田杂草上越冬，在福建南部各虫态皆可越冬。华北地区每年发生4～5代，长江中、下游5～6代，福建7～8代。田间为害期虽比白背飞虱迟，但仍以穗期为害最烈。

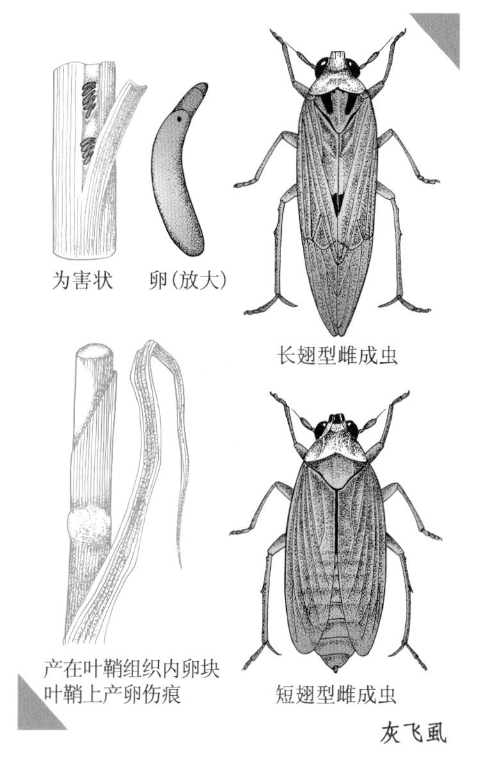

灰飞虱

稻飞虱长翅型成虫均能长距离迁飞。对水稻的为害，除直接刺吸汁液，使生长受阻，严重时稻丛成团枯萎，甚至全田死秆倒伏外，产卵也会刺伤植株，破坏输导组织，妨碍营养物质运输并传播病毒病。

防治措施有：①选育抗虫品种。充分利用国内外水稻品种抗性基因，培育抗飞虱优质、丰产品种和多抗品种，因地制宜推广种植。②栽培管理上实行同品种连片种植，对不同品种或作物进行合理布局，避免稻飞虱辗转为害。同时要加强肥水管理，适时适量施肥和适时露田，避免长期浸水。③保护天敌。在农业防治基础上科学用药，避免对天敌过量杀伤。④药剂防治。根据虫情测报，掌握不同类型稻田飞虱发生情况和天敌数量，及时在早发田和发生中心喷洒叶蝉散、速灭威、马拉硫磷等农药。

叶蝉科

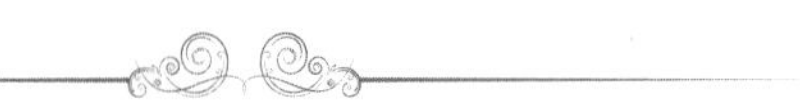

昆虫纲半翅目的一科。后胫有刺 2 列，后足基节伸达腹板侧缘，是头喙亚目中小型善跳的大类。因此科昆虫多为害植物叶片而得名。全世界约有 25000 种，中国已发现 2000 多种。

此科昆虫体小，长仅 3 ～ 15 毫米。外形似蝉，触角粗大的第 2 节上无感觉孔。中胸无翅基片，前翅 2 条臀脉在基部不合并。单眼 2 或缺。特别是后足胫节有棱脊，上生刺毛，其中有 2 排粗大而明显的刺，这是区别相近种类的重要特征。

此科昆虫均以植物为食，很多种是农林业的重要害虫，如大青叶蝉、黑尾叶蝉、白翅叶蝉、小绿叶蝉、菱纹叶蝉等。有些种类还传播植物病毒病，如稻普通矮缩病、桑萎缩病、小麦红矮病等。

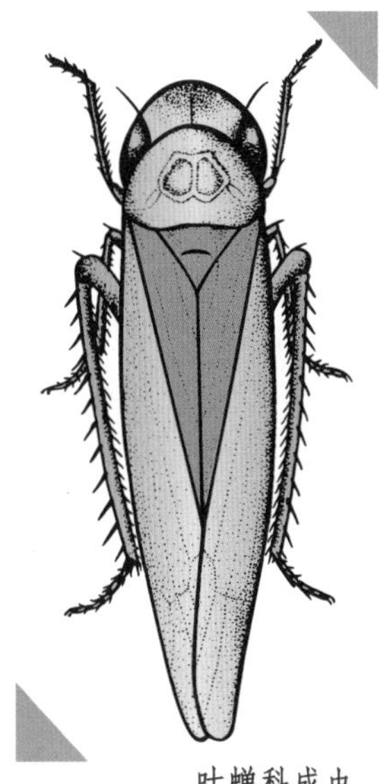
叶蝉科成虫

叶蝉的卵长椭圆形，中间微弯曲，单个或成块产在叶片表皮下、叶脉中或枝干皮层里。叶蝉产卵部位的选择主要与成虫取食和栖息部位相关，更与其寄主植物组织的厚、薄、软、硬有关。若虫与成虫外形相似，共 5 龄。雌虫一生可产卵数十粒至 100 余粒不等。卵期 10 天左右，若虫期 20 天上下，成虫寿命长短不一。每年发生数代，最多可达 10 余代。

通常以成虫或卵越冬。在温暖地区，冬季可见到各个虫期，而无真正的冬眠过程。越冬卵也产在寄主组织内。成虫蛰伏于植物枝叶丛间、树皮缝隙里，气温升高便活动。成虫和若虫均刺吸植物汁液。叶片被害后出现淡白点，而后点连成片，直至全叶苍白枯死。也有的造成枯焦斑点和斑块，使叶片提前脱落。成、若虫均善走能跳，成虫且可飞动离迁。若虫取食倾向于原位不动，成虫性活跃，大多具有趋光习性。

叶蝉成虫分为雄性和雌性，一般进行有性生殖，但有极少的叶蝉进行孤雌生殖。羽化后的成虫很快就进行交配，成“一”字形。

稻叶蝉

叶蝉科的一类害虫。又称稻浮尘子。以成虫和若虫刺吸稻株汁液为害。主要种类有：①黑尾叶蝉。成虫体长4～6毫米，黄绿色，头冠两复眼间有一黑色横带，前翅绿色，雄虫翅端、胸部和腹部腹面黑色，雌虫则为淡褐色。中国各稻区均有分布，长江流域发生尤多，也见于亚洲其他地区和非洲。寄主植物为稻、麦类、茭白、甘蔗、稗、看麦娘等。成虫和若虫群集稻茎基部刺吸汁液，严重时全株枯死。抽穗灌浆期在穗部和叶片上刺吸。还传播病毒病，如普通矮缩病、黄矮病和黄萎病，并可诱发菌核病。在河南信阳，1年发生4

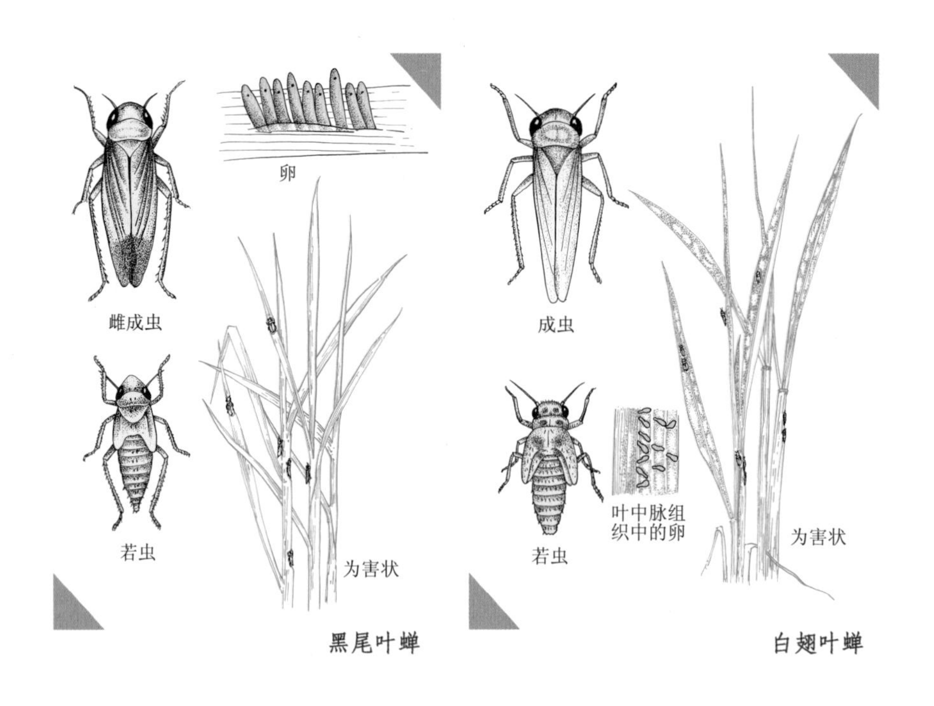

黑尾叶蝉　　白翅叶蝉

代，湖南发生1年6代，广州发生1年8代。天敌主要有褐腰赤眼蜂和叶蝉缨小蜂以及多种蜘蛛等。②白翅叶蝉。寄主植物与黑尾叶蝉同，成虫体长3.5毫米，头、胸部橙黄色，前翅白色有虹彩，腹部腹面黄色。长江流域1年发生3～4代，华南发生4～6代，山区和半山区发生，为害较重。

防治措施包括：铲除杂草减少虫源；采用丰产抗性品种，减少不同品种混栽；加强肥水管理；保护天敌，苗期可放幼鸭啄食；在秧田和早插晚稻田（边行）施用叶蝉散、乐果、马拉硫磷、害扑威等农药。

粉虱

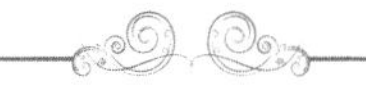

昆虫纲半翅目粉虱科昆虫的统称。粉白色，体脆弱。翅脉序简单，若虫阶段后期呈静止状态。其中许多种类是农、林、果树、观赏植物和蔬菜的重要害虫。其中为害比较严重的有樟粉虱、黑刺粉虱、橘黑粉虱、橘绿粉虱和白粉虱等。

小型，体长1～3毫米。翅展约3毫米，雌、雄成虫皆有翅。喙3节，复眼的小眼群常分为上、下两部分。翅2对，翅脉简单。腹部第1节常柄状，第8节常背板狭，膜质。腹部第9节背面有管状孔，中间是第10节的背板，称为盖瓣和一管状的肛下板，称为舌状器。此一构造是粉虱科幼虫与成虫的最大特点。

渐变态。卵具柄，柄插在植物的组织里，使卵附着在植物上，并能给卵输送水分。若虫期4龄。第1龄若虫具眼1对，触角4节，有尾须，足短而发达，能随处迁移，以便寻找合适的寄主部位，尽快取食。1龄若虫蜕皮后，失去触角和尾须，足也退化，虫体开始固定在植物上取食，进入2龄。2龄若虫蜕皮后进入3龄，此时期虫体明显增大，取食量增多，分泌蜜露，为害植物加重。3龄若虫蜕皮后进入4龄，或称前蛹期。蛹在其4龄蜕皮壳内发育，体型扁平且逐渐加厚，体表构造清晰，外翅芽出现。羽化时，成虫从蛹壳背部裂开处直立钻出，这时翅尚未完全发育，不能飞翔，只能敏捷地爬行取食。需经一定时间后，方能正常飞行。但也有某些种类只经3龄就完成发育。

白粉虱

粉虱科的一种。蔬菜和观赏植物的重要害虫之一。中国北起大庆，南到石家庄，西起兰州、西宁，东到济南均有分布。

白粉虱蛹壳卵形或长椭圆形，长约1.64毫米，宽约0.74毫米。淡黄色半透明或无色透明，有时蛹壳大小变化很大；背盘区中央稍向上隆起，整个蛹壳面覆盖白色棉状蜡丝。

环境适合时，约1个月完成1代，1年可发生10代以上。一雌可产40～50粒卵。雌成虫有选择嫩叶集居和产卵的习性，随着寄主植物的生长，成虫逐渐向上部叶片移动，造成各虫态在植株上的垂直分布，常表现明显的规律。新产的卵绿色，多集中在上部叶片，老熟的卵则位于稍下的叶片上，再往下则分别是初龄幼虫、老龄幼虫，最下层叶片则主要是伪蛹和新羽化的成虫。

白粉虱作为温室害虫的报道，已约有130年的历史。有50多个国家记载这一害虫，被取食植物近100科。由于吸食寄主植物的汁液，因而引起叶片枯黄、萎蔫、生长衰弱甚至枯死。此外，由于成虫和幼虫分泌大量蜜露，导致植物煤污病的发生而严重污染果实和叶片，影响植物的正常呼吸和光合作用，久之造成减产和降低蔬菜、果实的质量，影响观赏植物的观赏价值。中国寄主植物可达150种以上，其中包括蔬菜、花卉和药材等。天敌丽蚜小蜂对之寄生率较高。用溴氰菊酯防治，常有良效。

温室白粉虱

粉虱科的一种。害虫。又称温室粉虱。为害蔬菜和观赏植物。原产于北美西南部，后传入欧洲，现广布世界各地。寄主植物达121科898种（含39变种），主要寄主有瓜类、茄果类、豆类等蔬菜，烟草、棉花、甘薯、向日葵等经济作物，以及花卉，观赏植物和杂草。

成虫体长1～1.5毫米，为小型昆虫。体色淡黄白到白色，有翅。体被白色蜡粉。成、若虫聚集寄主植物叶背刺吸汁液，使叶片退绿变黄、萎蔫甚至枯死；成虫、若虫所排蜜露污染叶片，影响光合作用，且可导致煤污病及传播多种病毒病。除在温室等保护地为害外，对露地栽培植物为害也很严重。温室条件下每年发生十余代。早春由温室向外扩散，在田间点片发生。防治措施主要有：对繁殖材料实施检疫；注意田园卫生，严格防止虫源侵入保护地；前茬作物收获后，用敌敌畏熏蒸温室；用乐果、马拉硫磷、溴氰菊酯等农药喷洒或

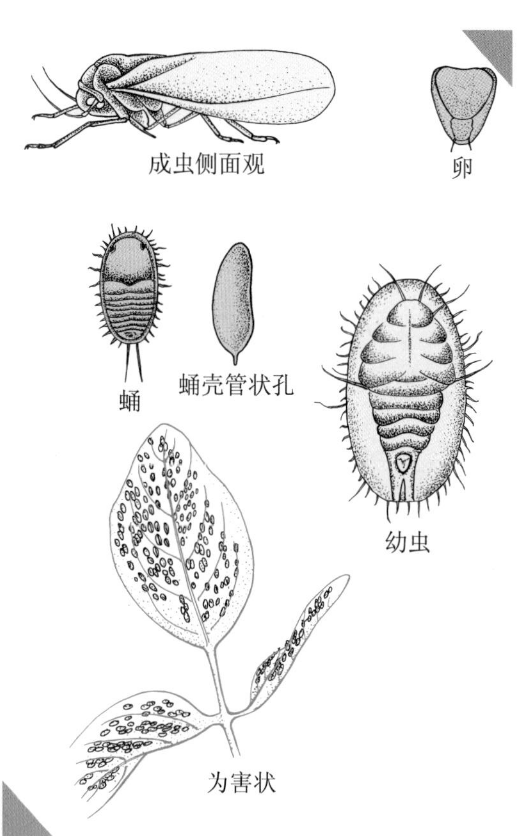

温室白粉虱及其为害状

采用烟雾法杀灭成虫；释放天敌中华草蛉或丽蚜小蜂等；也可用赤座霉菌等防治。

木虱科

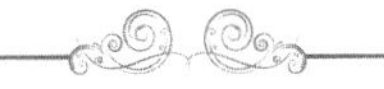

昆虫纲半翅目的一科。通称木虱。体小型，活泼，能跳。头短阔。有复眼，单眼3个。触角细长，10节。喙3节。前胸小，中胸背板大。前翅有1条3分支的脉纹，每支再分叉。后足基节腹面有1疣状突起；胫节有端刺；跗节2节；有中垫。渐变态。幼虫体极扁，体表覆被蜡质分泌物。

木虱科多为害木本植物，重要的有为害柑橘的柑橘木虱、为害梨树的中国梨木虱和为害桑树的桑木虱等。

柑橘木虱

木虱科的一种。柑橘害虫。是传播柑橘黄龙病的媒介。分布于东南亚、印度、巴西、沙特阿拉伯和中国的西南、华

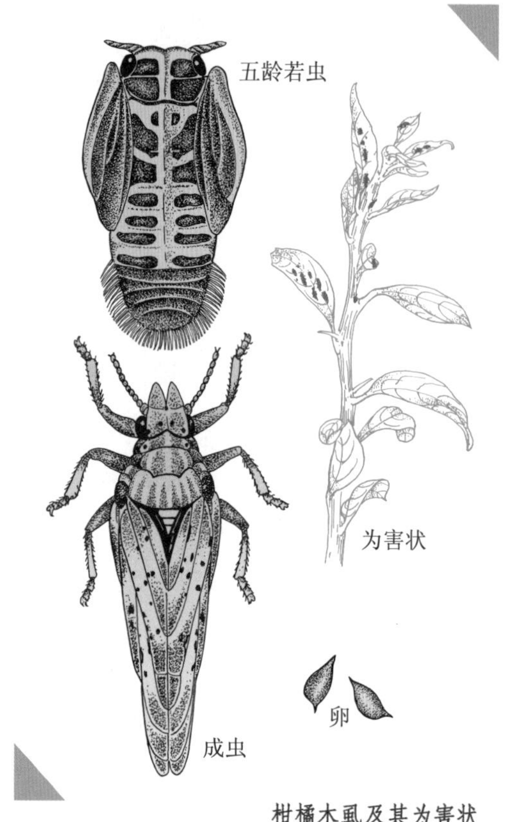

柑橘木虱及其为害状

南、华东等地。成虫体长2.4～3.2毫米，全体青灰色而有褐色斑纹，体被白粉。成虫和若虫在柑橘嫩梢幼叶新芽上吸食为害，导致嫩梢幼芽干枯萎缩、新叶畸形卷曲。若虫的分泌物常引致烟霉病。发生代数与气温及寄主植物抽发新梢次数有关，每年发生6～14代。成虫分散在叶背或芽上栖息吸食，能飞会跳。

中国常见的柑橘木虱的天敌有六斑月瓢虫、双带盘瓢虫和异色瓢虫等，均捕食若虫。若虫寄生蜂以印度的一种姬小蜂寄生率较高。防治措施有：种植防护林，以增加果园荫蔽度，使其不适于木虱发生；挖除病树或弱树，减少虫源；加强栽培管理，使枝梢集中抽发整齐，以减少产卵繁殖场所；在木虱发生的嫩梢抽发期，喷洒易卫杀、乐果等农药。

中国梨木虱

木虱科的一种。分布于中国辽宁、河北、山东、内蒙古、山西、宁夏、陕西。体长2.5～3毫米，翅展7～8毫米。黄绿色、黄褐色、红褐色或黑褐色。额突白色，复眼黑色。触角褐色，末端2节黑色。胸部有深色纵条，足色较深。前翅端部圆形，膜区透明，脉纹黄色。害虫。常群集为害梨树的嫩芽、新梢和花蕾。

桑木虱

木虱科的一种。体长3.5～4毫米，翅展8～9毫米。黄绿色、黄红色或黑褐色。复眼黑褐色。触角黄褐色，4～8节末端和9～10节黑色。胸部背面隆起，有污黄色或灰白色条纹。前翅长椭圆形，灰白色，半透明，多暗褐色斑点，有时翅的中部和端部有黑褐色带纹；翅脉的第2支有3～4个再分支。腹部各节有黑褐色横带。幼虫腹部末端附有长的蜡丝。中国分布于浙江、四川，为害桑树。

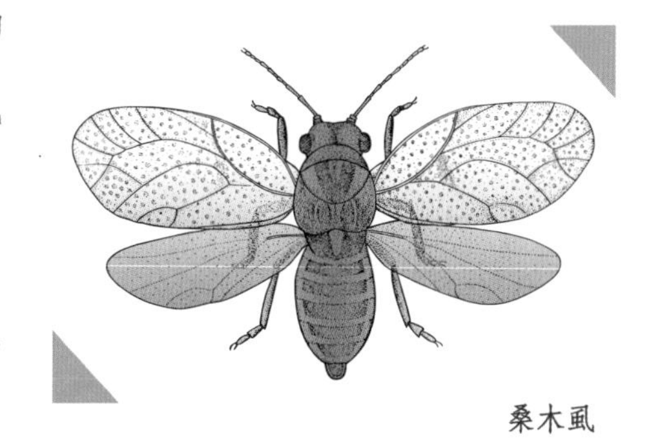

桑木虱

沫蝉科

昆虫纲半翅目的一科。全世界已知约 2000 种，主要分布在热带、亚热带地区。

小到中型，体色多鲜艳。体略呈卵形，背面相当隆起。前胸背板大，但不盖住中胸小盾片。前翅革质，常盖住腹部。爪片上 2 脉纹通常分离。后翅径脉近端部分叉。后足胫节有 1 ～ 2 个侧刺，端部有 2 列端刺；第 1、2 跗节上也有端刺。幼虫腹部能分泌胶液，形成泡沫，盖住身体保护自己，故名沫蝉，又称吹沫虫或吹泡虫。多数为害木本植物；重要的种类，如稻黑沫蝉为害水稻。

球蚜科

昆虫纲半翅目的一科。前翅3脉相互分离，无腹管的蚜虫。全世界有2属65种、主要分布于欧亚大陆北部和北美洲，波及亚洲东南部、大洋洲及南美洲。中国已知14种，主要分布于东北、华北和西北以及西南高海拔地区。

体长1～2毫米。背面蜡腺常发达，分泌蜡粉、蜡丝覆盖虫体。无翅蚜及幼蚜触角3节，冬型触角甚退化。头部与胸部之和大于腹部。有翅蚜触角5节。前翅有3斜脉，后翅有1斜脉，静止时翅屋脊状。性蚜有喙，活泼，雌性蚜触角4节。孤雌蚜与性蚜均卵生。孤雌蚜与次性蚜有产卵器。大都营异寄主全周期生活，不同世代分化为互相衔接的特有型。原生寄主为云杉类，形成复杂的虫瘿，形同云杉嫩球果。干母生活在虫瘿中，第二代完全或不完全迁移。次生寄主为松、落叶松、冷杉、铁杉或黄杉等，蚜裸露生活。大都2年一个生活周期。有些种类在次生寄主上营不全周期生活。每年发生 2 ～ 3 代或 4 ～ 5 代。大都以 1 龄干母在云杉属上或以 1 龄冬停育型在次生寄主上越冬。为害云杉类幼梢，形成虫瘿，引起树干变形。为害其他针叶幼树，使生长速度大幅度降低。是云杉、红松、红杉和落叶松的重要害虫。

球蚜是蚜虫类中最原始的类群，具有卵生、复眼有 3 个小眼面等原始特征。所有种类都专化于松柏纲植物。起源于松柏纲植物转变成为重要植物区系成分的古生代石炭纪至二叠纪。

瘿绵蚜

昆虫纲半翅目瘿绵蚜科昆虫的统称。前翅 4 斜脉，触角次生感觉圈长条状，腹管多为短环状，体被棉絮状蜡粉或蜡丝的蚜虫。主要分布于欧洲、亚洲和北美洲，波及其他区。中国主要分布于东北、华北、西南、华东，波及全国各地。

体长 1.5 ～ 4.0 毫米。蜡腺常发达，分泌蜡粉、蜡丝覆盖虫体。触角 5 或 6 节，有时 4 节，末节端部甚短，无翅蚜和若蚜复眼有 3 个小眼面。腹部常大于头部与胸部之和。腹管环状、截圆状或缺。尾片、尾板宽半月形。有翅蚜触角次生感觉圈条形环绕触角或方形、短条形、长圆形、圆形甚至网状。前翅有 4 斜脉，后翅有 2 斜脉。静止时翅呈屋脊状。性蚜无翅，缺有功能的喙，不能取食，雌性蚜只产 1 粒卵。产卵器退化为被毛的隆起。孤雌蚜卵胎生。

营异寄主全周期或不全周期生活，少数种营同寄主全周期生活。原生寄主大都是阔叶灌木或乔木，多在虫瘿内或变形的叶内生活；次生寄主大都是草本植物，仅少数为木本植物，多在根部寄生。

其中麦拟根蚜、菜豆根蚜、苹果绵蚜、秋四脉绵蚜是粮食、棉花、果树和蔬菜的害虫。角倍蚜则是益虫，其虫瘿称五倍子或角倍，是著名中药；又是重要化工原料、重工业钻尖原料和防锈剂、稀有金属沉淀剂和分析剂，以及航天燃料的稳定剂。

角蝉科

昆虫纲半翅目的一科。统称角蝉。体小至中型。单眼2个，位于复眼间。触角鬃状。前胸背板极度发育，有各种畸形和突起，常盖住中胸或腹部。全世界已知有3300多种，中国有282种。

角蝉引起博物学家的研究兴趣较早，原因在于形态独特，前胸背板发达，有多样突起，千姿百态，奇形怪状；有前社会行为；分布有地域特色，东西半球区系组成截然不同，是研究生物进化、昆虫社会行为发展、生物地理分布等的材料。

成虫体长1～15毫米，体多三角形，多为褐色或黑色，暗淡，仅个别种有红色、绿色、黄色等彩色斑纹，体表多有刻点和细毛，个别种体表光滑有光泽。触角位于复眼下方，多为刚毛状。额与唇基之间无明显界限，故称额唇基。口器刺吸式。胸部3节，前胸背板特别发达，骨化坚硬，具有感觉与机械保卫功能，向后延伸达小盾片缝，大多延伸更长，覆盖胸和腹部背面，前方两侧向下延伸，占据胸侧面绝大部分，前端部分曲折向下延伸，为前胸斜面，下方有光滑而稍下凹的胝，中间常有纵脊，前胸背板上面还有向上、向前、向两侧延伸的突起、脊突、结节等，是多细胞的外长物，可分为 3 个层次，再根据着生的位置、延伸的方向，分为不同的类型，成为角蝉分类的主要特征。

中胸背板由盾片与小盾片组成，小盾片一般三角形，端部尖锐或有缺切。后胸与腹部连接脆弱。翅 2 对，飞行时以翅钩列联接。足跗节 3 节，有的胫节上有基兜毛，后足胫节端部有 1 列端距，5 ～ 7 枚。腹部圆筒状，由 11 节组成，第 9 节为马鞍形，称尾节，第 10、11 节形成肛管，常缩入尾节，雄性尾节内有阳基侧突和阳茎，雌性尾节下方伸出产卵器，由 3 对产卵瓣组成。

卵产在植物枝条的表皮下，散产或聚产，卵粒近圆形或长圆形，直或中部稍弯，长 1.0 ～ 1.5 毫米，直径 0.4 ～ 0.6 毫米。 若虫具 5 个龄期，各龄的形态比较稳定，1 ～ 5 龄的身体变化趋向是，每次脱皮后身体迅速增大，头与胸部的瘤刺逐渐减少，前胸背板逐渐增大，前胸背板上的突起和中后胸的翅芽逐渐发育，腹部背板下缘的侧生片增大，其上的刺数增多。分类研究中主要是 5 龄若虫。不同种类若虫的形态差异较大。

蜡蝉科

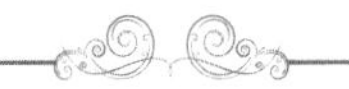

昆虫纲半翅目的一科。体中到大型。单眼着生在复眼的附近或下方，通常在颊的凹陷处。全世界已知 140 余属 710 余种，在各大动物地理区均有分布，其中多数种类分布在热带地区（非洲区、东洋区和新热带区）。中国已知 10 属 39 种，分布在东北、河北、北京、山东、甘肃、河南、陕西、山西、江苏、浙江、香港、澳门、江西、海南等地，但以南方的种类居多。

头通常大，很多种类有头突，外形细小、粗壮、简单、膨大、平坦、直立、弯曲或刺状，其上常具多条纵脊。顶平。额通常四边形，后唇基大，三角形。复眼大，位于头部两侧，半球形突出，单眼位于触角与复眼之间。触角不甚明显，柄节短，多呈圆柱形，梗节大，球形或椭圆形，上密生感觉器，感觉器膜上有皱纹。前胸背板横阔，前缘多突出。中胸背板大，近三角形。前、后翅膜质，发达。前翅爪片明显，颜色各异，常具各种条纹、带或斑点，有多数增加的脉纹和横脉，二爪脉在端部合并成 Y 形，后翅常短阔，臀区与轭区强度网状。腹部大而扁平，生殖刺突大，腹面观盖住肛管。

雄性尾节环状，侧观较狭。生殖刺突大且复杂，基部愈合或分离，其外侧中部近背缘常有 1 个钩状突起。阳茎退化，内体膜质，常具侧叶、背叶和腹叶，包裹着 1 对骨化的内体突。阳茎基通常极薄，具环状褶皱，仅存在于阳茎最基部。雌性第一产卵瓣较骨化，前连接片端部具齿；第二产卵瓣常退化，基部愈合；第三产卵板大而外露，包围第一、二产卵瓣，常分裂。

以臭椿、大豆、洋槐、楝、桃、李、海棠、女贞、葡萄、黄杨、大麻、合欢、杨、栎、杏、龙眼、杧果、荔枝、可可及黄皮等为寄主植物。此科的一些种类是林木果树及农作物的重要害虫，部分种类还可为害杂草。其若虫刺吸枝叶汁液，排泄物还常诱致寄主植物病害发生，削弱植株生长，严重时引起茎皮枯裂，甚至导致死亡。

胶蚧

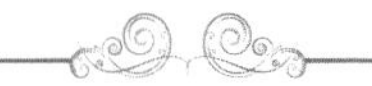

昆虫纲半翅目胶蚧科昆虫的统称。雌虫包埋于胶壳内，前胸气门处常具伸长的“臂”、足退化、具肛环及尾瘤形状奇特的蚧虫。主要分布于中美、南美、大洋洲、南部非洲和东南亚，其中约40%的种类记载于亚洲南部。经济价值较高的紫胶蚧仅产于中国、印度、缅甸、泰国和越南。中国已记载有3属7种。

雌成虫体形十分特殊，通常为近似球形、梨形或扁凸形的紫色囊状物。体壁柔软。体外由半球形胶壳包围。胶壳由紫、紫红、紫褐、黄褐、橙黄、橘红或黑褐等色。体节几乎全部消失。触角2～5节，呈锥状瘤突或圆柱状，顶端常生有数根刚毛。胸气门2对。肛门有发达的肛环，肛环具孔和肛环刺10根，并被包围于尾瘤之下。虫体体面分布有管状腺、五孔腺和多孔腺。多孔腺分布于阴门周围，称为围阴腺。

围阴腺在尾瘤之后的腹面排成2纵列，每列又结成大小不同的群落。有的类群无围阴腺。

此类的重要代表是著名的紫胶蚧（俗称紫胶虫）。胶蚧类雌成虫能分泌大量树胶质覆盖物。如紫胶蚧所分泌的紫胶是国防工业和其他一些工业的重要原料。但有些种类的胶质很坚硬，目前还难以利用；有些种类则是经济树种和观赏植物的害虫。

紫胶蚧

胶蚧类的一种。俗称紫胶虫。可生产紫胶。中国早在东汉明帝永平十一年（公元68年）已有关于云南生产紫胶的正式记载。中国具有养殖紫胶虫的热带和亚热带的自然条件，云南、广东、广西、福建、四川、贵州、湖南、台湾均已成为重要的紫胶产区。

雌成虫略呈萝卜形或梨形，虫体大小变化较多。雌成虫个体胶壳为半球形或扁球形，壳背面较为平坦，中部有3个分泌白蜡丝的孔，前侧臂和其顶上的臂板，后一个为肛瘤的肛口。紫胶蚧通常1年发生2代。已知全世界有35科约350种植物可供紫胶蚧寄生，由于紫胶蚧对寄主植物有较强的选择性，在生产上常用来放养紫胶蚧的树种不过40多种，中国紫胶蚧养殖区最常使用的树种有钝叶黄檀、思茅黄檀、南岭黄檀、火绳树、木豆、合欢、气达榕和哈氏榕等。

紫胶蚧分泌的紫胶是一种天然树脂，含有紫胶树脂、紫胶蜡、紫胶色素、少量糖类、盐类和蛋白质，被广泛应用于军事工业的涂饰、绝缘、黏结；民用工业的电气、油漆、塑料、橡胶、印刷、皮革、食品和医药等方面。世界各国对紫胶采取综合利用，如从紫胶中提取出食用色素或用紫胶进行蛋白质纤维和聚酰胺纤维的染色；用紫胶蜡制成水果蜡，以保持果品蔬菜的新鲜和延长其储存期。